DES INCONVÉNIENTS DE FORTIFIER

LES

VILLES CAPITALES.

DES INCONVÉNIENTS DE FORTIFIER

LES

VILLES CAPITALES,

ET D'AVOIR

UN TROP GRAND NOMBRE

DE PLACES FORTES.

PAR LE LIEUTENANT-GÉNÉRAL

COMTE ALEXANDRE DE GIRARDIN.

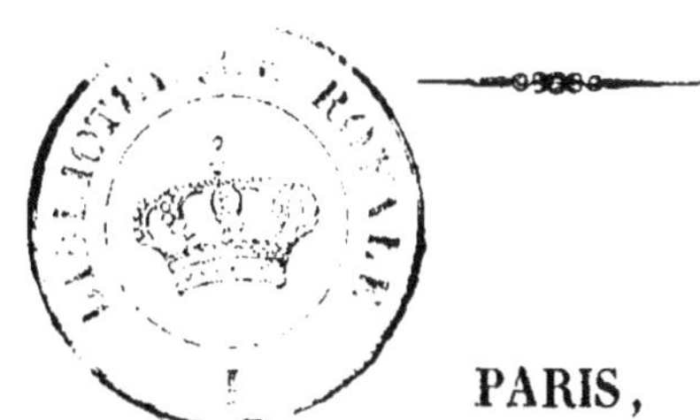

PARIS,

J. CORRÉARD Jne, ÉDITEUR D'OUVRAGES MILITAIRES,

RUE DE TOURNON, 20.

1839.

DES INCONVÉNIENS DE FORTIFIER

LES

VILLES CAPITALES,

ET D'AVOIR

UN TROP GRAND NOMBRE

DE PLACES FORTES.

SECTION PREMIÈRE.

DES PLACES FORTES EN GÉNÉRAL.

Dans le chapitre 5, sur l'artillerie, nous avons dû considérer les places fortes d'après leur armement et d'après l'extension qu'elles donnaient, non-seulement à l'organisation de ce corps, mais à celle de nos armées.

Dans le chapitre 6, nous avons dû les indiquer sous le rapport de leur classement afin de pouvoir apprécier l'accroissement de personnel que l'arme du génie avait successivement obtenu.

Il nous reste maintenant à les examiner sous le rapport de l'influence qu'elles exercent :

1° Sur l'organisation et l'effectif des troupes régimentaires; sur celle des gardes nationales, sur leur instruction et sur la loi de recrutement;

2° Sur notre agriculture, notre industrie et notre commerce;

3° Sur notre système de crédit, et par suite sur l'augmentation ou sur la diminution de nos richesses et de notre bien-être;

4° Sur l'étendue de nos frontières, sur notre influence, comme puissance du 1er ordre, et conséquemment sur notre politique continentale et nos rapports extérieurs;

5° Et enfin sur l'action de notre gouvernement.

Ainsi, comme on peut déjà le reconnaître, il ne s'agit pas seulement de renfermer l'examen de cette immense question dans un système militaire de tradition, mais il faut encore que la France sache dans quel but et vers quels intérêts son gouvernement la dirige. Il y a plus, il faut que toutes les conditions de son avenir lui soient connues, c'est-à-dire, qu'elle puisse apprécier tous les sacrifices qu'elle doit s'imposer, de même que les craintes et les espérances qu'elle est appelée à concevoir.

Si la sécurité et le bonheur des peuples sont entièrement dépendants de leurs moyens de défense, il faut admettre aussi qu'il n'est pas pour eux de question plus sérieuse que celle de la création, de la conservation ou de la réduction de leurs places fortes, surtout lorsque les conséquences qui en dérivent doivent avoir une plus ou moins grande influence sur la valeur et l'utilité de ces moyens. C'est aussi par ces motifs qu'il n'est point de considération sur laquelle il soit plus utile de répandre la clarté de l'évidence, afin que ces conséquences, disons-nous, ne soient jamais en contradiction avec l'une ou l'autre de ces deux conditions.

Et cependant c'est ce grand problème qui depuis 40 ans n'a point été discuté pour la France, d'après des règles aussi larges que méthodiques, parce que nous ne pouvons appeler de ce nom, des raisonnements vagues, des circonstances fortuites, des projets ou des travaux inachevés, des exemples isolés ou défigurés, ou enfin des guerres entreprises avant d'en avoir médité toutes les conséquences, et que par cette raison nous nous sommes abstenus d'indiquer ou de qualifier. Mais le temps est arrivé, s'il n'est pas dépassé, où, selon nous, il est utile, il est obligatoire pour tous les hommes qui aiment sincèrement leur patrie de réunir tous leurs efforts dans le but d'arriver à une meilleure répartition de nos forces, ou qui mieux est, à un équilibre plus vrai de toutes les parties qui constituent leur ensemble.

Le principe de l'utilité des places fortes ou de leur inutilité presque absolue n'est point nouveau; mais ce qui n'a point été déterminé dans l'une ou l'autre de ces deux hypothèses, c'est le nombre des places de guerre que la France doit avoir, *en raison de son système politique*. En d'autres termes, c'est l'obligation de rechercher si ses armées seront toujours organisées pour marcher contre le continent dans le but de reculer ses frontières, ou en faveur d'intérêts liés et associés, et conséquemment homogènes, c'est-à-dire, tels que doit les concevoir une nation qui, étant devenue agricole et industrielle, *doit nécessairement périr si elle ne peut devenir commerçante.*

C'est donc sur les moyens transitoires pour arriver à cette fin que nous appelons le concours de toutes les opinions, et lorsque nous allons essayer de donner la nôtre, c'est encore avec l'espoir qu'elle sera améliorée par une sage controverse, qui ne sera animée, comme nous le sommes nous-même, que par les seuls intérêts de notre pays.

Après la forme de notre gouvernement et les institutions qui lui sont propres, rien de plus important, dirons-nous encore, que ses moyens de défense, attendu que si les unes sont la base de sa prospérité, les autres sont la garantie de son existence.

La révolution, en détruisant les anciennes institutions qui formaient la constitution de la France, en suivant la marche irrésistible de l'esprit humain, a depuis 25 ans amené parmi nous des idées nouvelles, fait naître d'autres habitudes. Notre pays doit donc se regarder en quelque sorte comme un état qui est dans la nécessité de reconstituer toutes les parties de son gouvernement, soit qu'elles dépendent de l'ordre moral, soit qu'elles fassent partie de l'ordre matériel.

Cette nécessité peut lui devenir funeste si son système de défense sur lequel reposent (il faut bien qu'on le sache) sa sécurité et son avenir est mal compris. En d'autres termes, si l'on persiste dans des idées erronées, presque toujours produites par des intérêts particuliers, ou soutenues par des conceptions rétrécies, et qui offriront d'autant plus de résistance qu'elles paraîtront sortir de la sphère habituelle des notions dans lesquelles on a vieilli.

Mais cette nécessité, dirons-nous aussi, peut lui être avantageuse si la France veut se faire une juste idée de ses moyens d'action et de résistance, c'est-à-dire, si le système militaire que, selon nous, elle est appelée à suivre, est plus apprécié par elle, sous le rapport des intérêts généraux des puissances continentales, que sous celui d'intérêts relatifs, qu'elle s'efforcerait en vain de considérer comme déliés de toute espèce d'influence.

La question étant ainsi posée, avant d'entrer dans la déduction des hautes considérations qui la dominent, nous croyons devoir jeter un coup d'œil sur les différentes opinions qui à cet égard se sont révélées par des écrits, et qui en général, et nous pourrions dire malheureusement, n'ont considéré l'utilité des places fortes que dans leurs rapports avec les armées en campagne, bien que, selon nous, *un système de défense*, et particulièrement celui que la France est dans l'obligation de choisir, ne soit et ne puisse être que la conséquence de son système politique, et que par cette raison nous ne séparons pas de celui de ses moyens de crédit, indépendamment des richesses dont elle est déjà en possession.

Si dans ce but nous examinons d'abord les limites de nos frontières, nous trouvons qu'elles sont déterminées ainsi qu'il suit :

1° Par la Manche et l'Atlantique, depuis Dunkerque jusqu'à la Bidassoa, et par la Méditerranée, depuis le cap Cerbera au S. S. E. de Port-Vendre, jusqu'au Var, au N. E. d'Antibes et du fort Carré;

2° Par la chaîne des Pyrénées, depuis l'embouchure de la Bidassoa, près du fort de Soccoa, jusqu'au cap Cerbera, à l'Est de Bellegarde ;

3° Par le Var et les Alpes au N. E. d'Antibes; jusqu'au fort Barreaux sur l'Isère, et par les affluents du Rhône jusqu'au N. E. du fort l'Écluse ;

4° Par le Jura, qui sépare la France de la Suisse, depuis le fort l'Écluse jusqu'à Bâle ;

5° Depuis Bâle jusqu'à Lauterbourg par le Rhin, qui sépare la France du grand duché de Bade ;

6° De Lauterbourg, jusqu'à Dunkerque, la France a pour

puissances contiguës (limites qui ne sont point naturelles) la Bavière rhénane, la Prusse rhénane, le duché de Luxembourg et la Belgique.

Si nous présentons ensuite le nombre de nos places fortes et de nos postes militaires, qui est de 360, et celui des troupes nécessaires à leur défense, dont le chiffre s'élève à 486,750 hommes, comme il est impossible de supposer une organisation de troupes destinées à former les garnisons des places de guerre sans établir aussi le chiffre de celles qui doivent composer les armées actives, nous continuerons à nous servir de celui de 480,000 hommes que nous avons pris pour base de nos observations; mais nous y joindrons celui de 486,750 hommes destiné aux places fortes, ainsi que les documents qui nous sont fournis par notre organisation régimentaire, la loi de recrutement et les contigents votés depuis 1830, et enfin ceux qui nous sont donnés par la loi du 22 mars 1831, sur la garde nationale, lesquels établissent que la puissance militaire de la France (non compris sa marine) doit se composer :

1° Comme force permanente de . . . 480,000 hommes.

2° Comme troupes destinées à la défense des places et des postes militaires de. . . . . 486,750 hommes.

3° Comme garde nationale, d'environ 3,000,000 hommes.

Ces derniers partagés ainsi qu'il suit, savoir :

En service ordinaire, dans l'intérieur de la commune.

En service de détachements, hors du territoire de la commune.

Et en service de corps détachés pour seconder l'armée de ligne, dans les limites fixées par l'art 1er de la loi du 22 mars 1831.

Si sur les trois millions d'hommes qui composent la garde

nationale, nous prenons les 486,750 hommes qui doivent servir à la défense des places, il en résulte qu'en définitive les troupes destinées aux armées actives et au service des garnisons doivent être portées, comme on vient de le voir, à 966,750 hommes.

D'après ce premier exposé, si nous nous reportons aux chapitres 2 *sur les réserves*, et 13 sur l'instruction des corps, trouverons-nous que les premiers éléments de notre puissance militaire, d'abord, comme nombre de troupes, déduction faite des 4emes bataillons et des 5emes escadrons, et ensuite comme instruction pour les régiments de ligne, comme pour les gardes nationales, remplissent toutes les conditions qui sont nécessaires à des corps qui sont censés pouvoir entrer immédiatement en campagne, que la guerre soit offensive ou défensive? Et pour n'en citer qu'un exemple, si nous prenons celui des gardes nationales, qui ne sont ni organisées, ni instruites, comme troupes de garnisons, ne faudrait-il pas, soit dans une guerre défensive, soit dans une guerre offensive, de quelque importance, les amalgamer avec des troupes de ligne, ou en d'autres termes réduire le chiffre de nos armées actives du nombre qui serait employé dans les places fortes ?

Si nous recherchons maintenant les différents traités qui nous ont été donnés sur l'art de la défense et de l'attaque des places, trouverons-nous qu'Erard de Bar-le-Duc, cet ingénieur célèbre, sous le règne de Henri IV, qui le premier écrivit sur les fortifications, ait fait précéder ses tracés d'un système général d'armées et de troupes de garnison, basé sur des intérêts nationaux et politiques ?

Si nous examinons les ouvrages du chevalier Deville, et même du hollandais Marolois, également célèbres dans leur temps, trouverons-nous qu'ils aient établi *d'autres règles de fortifications* que celles qui étaient relatives aux dimensions des fronts, ou à divers changements dans la direction des flancs?

Le comte de Pagan, un des officiers les plus distingués sous le règne de Louis XIII, qui décrivit le meilleur système de fortification qu'on ait eu jusqu'à Louis XIV et dans lequel on retrouve les principaux caractères des systèmes modernes, c'est-à-dire, simplicité dans les constructions, capacité des bastions, flanquements efficaces, de telle sorte que l'on pourrait dire que notre fortification actuelle n'est que la sienne perfectionnée, a-t-il fait précéder ses travaux *d'un système général de défense, ou même du chiffre des armées actives et des troupes de garnison?*

Vauban, qui fut ingénieur (a dit Fontenelle) à la première place qu'il vit; qui montra dès ses plus tendres années un goût décidé pour les fortifications; qui fit plusieurs siéges dans lesquels il donna autant de preuves d'intrépidité que de sang-froid; qui construisit un très grand nombre de forteresses et en répara un plus grand nombre encore;

Le premier qui ait fait connaître toute l'utilité des camps retranchés, depuis que les armées s'étaient accrues à un tel point que la plupart des anciennes places étaient inférieures à leurs besoins;

Qui ait appris à modifier les tracés suivant les localités, et à plier les fortifications au terrain;

Qui s'est acquis une gloire immortelle en 1673 au siége de Maëstricht, en liant les diverses attaques par trois parallèles, ou places d'armes, destinées à contenir une garde nécessaire pour le soutien des travailleurs et la sûreté des batteries, c'est-à-dire en commençant à faire faire aux moyens d'attaque un pas prodigieux sur ceux de défense;

Qui renversa les anciennes méthodes en forçant la place d'Ath à une reddition prématurée, par les avantages immenses du tir à ricochet qu'il venait d'inventer, à cause de la cruelle alternative où il se trouvait, ou de réussir dans la prise d'une place qu'il avait lui-même fortifiée, *en démontrant ainsi l'insuffisance de son art*, ou d'échouer, en avouant à la face de l'Europe son infériorité sur Coëhorn, ingénieur hollandais du premier mérite, qui s'était acquis une réputation colossale par la prise de plusieurs places.

Lorsque, dirons-nous, c'est à ce siége d'Ath à jamais célèbre qui eut lieu en 1696, dans lequel M. de Vauban ne perdit que 50 hommes, mais où il porta le découragement des assiégés à un tel point qu'ils n'osaient se montrer, et que lorsqu'au bout de 14 jours d'attaque, ils se déterminèrent à capituler, un tambour craintif (dit l'histoire du siége) battit tout bas une chamade, au centre du bastion et bien loin du parapet, où personne n'osait tenir; siége, ajouterons-nous, où l'art fit presque tous les frais de la prise d'Ath, e où la force n'entra que pour peu de chose;

Enfin lorsque c'est encore M. de Vauban qui, après avoir perfectionné l'art de l'attaque, et l'avoir rendu supérieur à celui de la défense, essaie en vain, sur la fin de sa longue et brillante carrière, de rétablir en faveur de la défense, l'équilibre que lui-même a rompu, et qu'en même temps qu'il passait pour le meilleur *fortificateur*, il était reconnu qu'aucune place ne pouvait lui résister;

Qui écrit en avril 1687, à M. de Catinat : « qu'il avait raison de dire qu'il existait trop de places fortes en France, « inconvénient dont on ne s'apercevrait point, *tant qu'on « sera autant en état d'attaquer que de se défendre*; mais que « s'il arrivait une guerre grave, il serait fort à craindre qu'il « n'apparût à la première campagne ; »

Et qu'en terminant sa lettre, il ajoute :

« Qu'il part pour aller faire le projet d'une nouvelle place,

« bien que la chose ne soit de son invention ni de son « goût ; »

Comment, avec de tels faits et ceux qui se sont passés sous nos yeux depuis 1792 jusqu'en 1815, ne pas s'étonner de la persistance actuelle à ne pas vouloir encore s'occuper d'une question aussi grave ?

Assurément, notre intention n'est pas de nous élever contre l'inutilité absolue des places fortes, puisqu'indépendamment de ce qu'elles servent à protéger nos frontières, et à mettre notre matériel en sûreté, elles nous sont encore indispensables comme base d'opérations dans les guerres offensives ; mais ce que nous demandons, c'est que les hommes d'état réunis aux hommes de l'art, s'empressent de reconnaître la juste proportion qu'il est nécessaire d'établir entre les places de guerre et l'ensemble de nos forces, sur un système de défense subordonné à notre système politique, afin qu'aucune de ces forces ne puisse être compromise par une infériorité évidente dans la spécialité qu'elle représente.

Mais là ne se terminent point toutes nos observations sur les auteurs qui ont écrit sur les places de guerre.

M. de Cormontaingne, dont personne ne conteste ni les talents ni l'habileté ; qui joignit beaucoup de réflexion à beaucoup d'expérience ; qui fit un grand nombre de siéges, qui profita des remarques qui s'offraient à lui dans le cours de ses opérations militaires pour améliorer nos constructions, en adaptant au système des fortifications françaises les retranchements des places d'armes rentrantes, qui nous avaient coûté au siége de Berg-op-zoom, en 1747, tant d'hommes et tant de temps ;

Qui parvint à composer le système de fortifications, qui est aujourd'hui considéré comme le meilleur, par la plupart des officiers de génie, par des améliorations (dit M. de Cormontaingne) qui n'auraient pu échapper à M. de Vauban lui-même, s'il eût vécu davantage. Ne l'ont-elles pas conduit à révéler le secret de la faiblesse de tous les systèmes connus jusqu'alors. De là, cette opinion, bien que nous la considérions comme admissible dans toute son extension, que les places ne pouvant se défendre longtemps, il serait préférable d'employer les dépenses qu'elles entraînent en augmentation de forces actives.

M. Carnot, ex-ministre de la guerre, dans son ouvrage intitulé : de la défense des places fortes, blâme, il est vrai, M. de Cormontaingne, pour avoir mesuré la valeur des places sur la durée de leur défense, en disant que comme l'expérience avait appris qu'il fallait un temps donné à un certain nombre de travailleurs pour fouiller une toise cube de terre, exécuter une longueur déterminée de tranchée, un rameau de mine, une batterie, un épaulement ou une brèche proposée ; et attendu que les travaux d'un siége quelconque se comprennent toujours d'une série de semblables opérations ; que cette série est connue pour chaque cas par la théorie des attaques de M. de Vauban, il n'y avait aucun siége dont on ne pût calculer la durée et par conséquent aucune place dont on ne pût évaluer la force.

Il improuve de même M. de Fourcroy, qui succède à Cormontaingne, pour avoir dit, qu'une fortification est d'autant meilleure qu'elle coûte moins et qu'elle est susceptible d'une plus longue défense, et probablement, lorsqu'il ajoute, que son mérite doit être représenté par le quotient du nombre de jours qu'elle peut tenir depuis la tranchée ouverte jusqu'à la reddition de la place ; de telle sorte qu'en appliquant cette théorie aux valeurs relatives de deux fronts de fortification moderne, c'est-à-dire construite sur les principes de

M. de Cormontaingne, appartenant, l'un à l'hexagone, l'autre au dodécagonal réguliers, il en conclut :

Que le nombre de jours de tranchée ouverte devant le front hexagonal, doit être de 22 jours.

Et que celui d'une tranchée ouverte devant le front dodécagonal doit s'élever à 30 jours.

Nous avouons que nous ne voyons pas dans ces deux raisonnements ce que M. Carnot a pu blâmer, et pourquoi il les déclare faux, bien qu'il les trouve plausibles en apparence.

Assurément, et nous sommes en cela de l'avis de M. Carnot, la force des places de guerre et la durée de leur défense peut et doit varier beaucoup; mais à moins d'être de mauvaise foi, il aurait bien fallu qu'il convînt que si MM. de Vauban, Cormontaingne et Fourcroy avaient été du même avis sur la force des places et sur la durée de leur défense, quel que soit le mode de raisonnement qu'ils aient employé pour le démontrer, ils auraient été également unanimes sur ce que la défense d'une place pouvait varier selon les circonstances, la capacité des officiers qui se trouvaient en présence, le nombre de troupes qu'ils avaient à leur disposition, et enfin sur la quantité d'artillerie, de munitions et de vivres dont ils étaient pourvus.

Aussi ferons-nous remarquer que lorsque M. Carnot s'exprimait ainsi sur MM. de Cormontaingne et Fourcroy, il écrivait pour la défense des places que son ouvrage lui avait été demandé par l'empereur Napoléon, qui, frappé du peu de résistance qu'avaient opposé à l'ennemi plusieurs forteresses, avait ordonné qu'il fût rédigé une instruction spéciale pour rappeler aux militaires chargés de la défense de celles qui bordent les frontières toute l'étendue de leurs devoirs, de même que la gloire ou la honte qui les attendaient.

Si nous poursuivions, nous trouverions que M. Carnot, en rappelant les principaux siéges qui ont eu lieu dans les temps anciens, dans les temps modernes et même de nos jours, n'a jamais cité un exemple qu'une place ait pu résister, lorsque les moyens d'attaque et de défense ont été de part et d'autre tout ce qu'ils devaient être.

Ainsi, comme on le voit encore, rien n'indique jusqu'à présent, dans les différents ouvrages des auteurs que nous venons de citer, qu'ils aient reconnu un système général de forteresses basé sur un système politique, ou au moins sur la quantité de troupes nécessaires à leur défense, sans altérer le chiffre des armées actives; ou qu'ils aient mis en doute la durée que devait avoir un siége, ou enfin qu'ils aient indiqué d'autres moyens à suivre pour donner une plus grande force à une place de guerre, de manière à la rendre imprenable.

Mais comme la question que nous examinons est immense dans les difficultés qu'elle présente, et dans les résultats qui peuvent en être la conséquence, nous ne croyons pas devoir nous borner à ces seules considérations, quelque concluantes qu'elles nous aient paru.

Ainsi, après avoir cité Erard de Bar-le-Duc, Déville, Payan, Marolois, Vauban, Cormontaingne, Fourcroy et Carnot, si nous parcourons les ouvrages d'Allent, de Belair, de Bélidor, de Bitainien, de Blondel, de Bousmard, de Choumara, du célèbre Coëhorn, de Deidier, de Dufour, d'Imbert, de Leblond, de Mandar et de Trincano, nous n'y trouvons en général que des données élémentaires sur l'art de fortifier, ou des principes de mécanique sur la poussée des voûtes, sur des culées, par rapport à la poussée des arches, sur la construction des différents édifices qui se font dans les places, soit enfin sur les ordres d'architecture, sur la manière de faire des devis, avec les exemples détaillés et circonstanciés, comprenant le choix et la qualité des matériaux.

Si nous examinons maintenant les ouvrages qui renferment des vues politiques ou plus générales que celles que nous venons de rappeler, nous trouverons d'abord dans un ouvrage de M. Maigret, imprimé en 1770, qui a pour titre : *Traité de la sûreté et de la conservation des états, par le moyen des forteresses*, les questions suivantes :

De l'utilité et nécessité des forteresses.

De leur utilité, à l'égard des ennemis intérieurs

De la quantité de forteresses nécessaires dans un état, et aussi en raison de la situation où l'on se trouve par rapport aux étrangers.

Et enfin de la quantité nécessaire, selon l'ancienneté du gouvernement, du souverain et des sujets, ainsi qu'en raison de la diversité des religions, de la nature des peuples et de leur zèle pour l'état et leur souverain.

D'abord, sur l'utilité des places forces, M. Maigret pense qu'un état, si puissant qu'il soit, ne peut se mettre en sûreté contre les attaques d'un autre état également puissant, s'il est privé de forteresses. Son assertion repose sur ce qu'un prince ou un état peuvent armer sans indiquer celui de leurs ennemis qu'ils veulent attaquer, et pour donner quelque valeur à son opinion, il cite ce qui arriva en 1509 aux Vénitiens, à la ligue de Cambray, ou au grand seigneur, pour l'île de Candie, ou à Crésus, roi de Lydie, lorsqu'il fut attaqué par Cyrus.

Nous croyons inutile de réfuter de semblables probabilités, parce qu'indépendamment de ce qu'elles ne sont plus de notre époque, la politique des états, leurs constitutions, leurs rapports et leurs intérêts ne permettent plus que leurs affaires se passent de la sorte ou se traitent ainsi.

La seconde objection de M. Maigret est celle-ci :

« Serait-il plus à propos d'entretenir continuellement des « armées en campagne, comme ont fait les Romains, et « aujourd'hui les Turcs, comme le pratiquaient aussi les « Visconti, lorsqu'ils avaient 20,000 chevaux, afin de tenir, « malgré les inconvénients de cette méthode, les sujets dans « le devoir, et les voisins dans le respect, parce qu'il n'est « pas prudent (ajoute-t-il) de se fier à une seule armée, « qu'il peut y survenir une maladie contagieuse, qui la ré« duise à presque rien ; que les soldats peuvent se mutiner « et se révolter, que les chefs peuvent trahir, qu'Othon « ôta l'Empire et la vie à Galba avec ses propres troupes ; « que Vitellius en usa de même à l'égard d'Othon ; que les « janissaires déposèrent nombre de fois leurs Empereurs. »

Mais M. Maigret oublie, quand il cite l'histoire, de mettre en rapport notre situation avec les situations de cette époque, et attendu qu'aucun auteur ne pourrait aujourd'hui en appeler à ces exemples, s'il avait à examiner le système des places fortes et celui des armées actives, nous avons pensé que nous devions nous arrêter sur la suite des observations de M. Maigret qui ont pu avoir leur importance, mais qui ne sont plus évidemment en rapport avec notre siècle ni avec nos mœurs.

M. Maingarnaud, dans un ouvrage imprimé en 1822, intitulé : *Constitution militaire*, lorsqu'il est conduit à considérer le nombre des bouches à feu nécessaires à la défense des places et au service de l'armée, s'exprime ainsi :

« La nature et une sage politique ont fixé les limites de la « France, le long de la rive gauche du Rhin, de l'Océan, de « la Méditerranée et sur la cime des Alpes et des Pyrénées.

« Si l'on veut assurer le repos de l'Europe, soustraire les « petits états à l'ambition des grands, il faut reculer nos

« frontières et rendre à la mère patrie les provinces et les « peuples qui pendant la révolution se réunirent à elle. « Ainsi que ce soit l'effet de la bonne volonté des puissances « étrangères qui nous en assurent de nouveau la possession, « ou la force de nos armes, nous serons obligés de fortifier, « non-seulement nos frontières actuelles, mais encore celles « à venir. Si nous nous laissons diriger par la malheureuse « manie d'avoir un grand nombre de places qui ont pour « effet de paralyser les armées, bien que l'expérience ait « prouvé que les plus fortes places n'étaient plus imprenables, « indépendamment de ce qu'elles peuvent être cernées ou « évitées, comme nous l'avons vu en 1813, 1814 et 1815, et « qu'ainsi, au lieu de construire de nouvelles forteresses, « d'augmenter les fortifications de celles qui ne le sont point « assez, ou de réparer celles qui en ont besoin, on devrait « raser les citadelles, forts, bicoques et châteaux, jugés « inutiles, pour ne conserver que sept grandes places de « guerre et dix autres intermédiaires qui serviraient d'entre-« pôt pour les armes, les munitions, le matériel de siége, « les vivres, les arsenaux, les fonderies de canons et de « projectiles, les fabriques de poudre, les équipages de ponts, « et enfin pour protéger le mouvement des armées, et les « alimenter de ce dont elles pourraient avoir besoin.

« Ces sept grandes villes seraient Lille, Strasbourg, « Lyon, Toulouse, Rennes, Paris et Bourges, en cherchant « à les fortifier de manière à ce qu'elles puissent résister pen-« dant deux ans, autant que la chose serait possible. La « ville de Bourges serait la septième, vu son utilité en cas de « désastres au delà de la Loire.

« Tout milite (ajoute-t-il) en faveur de ces grandes villes: « leur situation géographique, les rivières qui les protégent « favorisent leur commerce et les arrivages; les belles

« routes de communication, la proximité des frontières ac-
« tuelles et leur nombreuse population peuvent seconder « leurs garnisons, indépendamment de ce que pour assiéger « l'une de ces places, il faudrait à l'ennemi 80,000 hommes; « 40,000 pour le siége, et 40,000 pour couvrir les assiégeants; « tandis qu'ils pourraient avec moitié moins de monde, en-« lever toutes nos mauvaises forteresses les unes après les « autres. »

« Objectera-t-on (dit le même auteur) qu'il faudrait plus « de 17 places pour défendre pied à pied nos frontières et « l'intérieur de la France, pour protéger nos provinces, les « habitants des campagnes, serrer leurs moissons, leurs « bestiaux, et par ce moyen affamer l'ennemi; nul doute « qu'il n'en fallût un plus grand nombre, s'il ne fallait pas « d'armées. Indépendamment des places fortes, si on opérait « aujourd'hui comme autrefois, si les lumières et la science « de la guerre, *qui renferme toutes les autres*, n'avaient fait « d'immenses progrès; si enfin on devait se borner, dit en-« core M. Maingarnaud, à défendre de misérables tas de « pierres, qui ne sont rien, à vrai dire, sans le secours des « braves, et comme si l'on ignorait d'ailleurs que depuis 30 « ans, toutes les vieilles méthodes et les plans exclusifs ont été « écrasés par des traits de génie; que l'Europe a été vaincue « par la France malgré un nombre prodigieux de places for-« tes, et qu'elle a succombé sans que l'immense quantité « dont elle était en possession ait pu la défendre. »

Si nous sommes moins exclusifs que l'auteur que nous citons, sur le nombre des places à conserver, nous pensons, comme lui, qu'il nous faut aussi des armées et qu'il est nécessaire, ainsi qu'il le dit, qu'elles soient fortes, disciplinées et instruites pratiquement, surtout avec le système politique que la France paraît préférer; et aussi que ces armées soient débarrassées de ces entraves dont les entourent et la timide précaution et l'ignorance ; qu'elles puissent aller et venir librement ; qu'elles se développent, embrassent un vaste pays ou n'en occupent qu'un petit ; qu'elles puissent franchir rapidement, de jour comme de nuit, les bois, les ravins, les rivières et les montagnes ; qu'elles soient sobres et soumises ; qu'elles puissent marcher sans jamais s'arrêter ni se désunir devant de vains obstacles, qui pour la plupart n'en sont de véritables que pour de médiocres généraux, ou pour des soldats inhabiles par manque d'instruction.

« En effet, dit encore M. Maingarnaud, à quoi peuvent « servir ce que généralement on nomme théorie, tactique, « lignes, manœuvres doubles ou simples, concentriques, ex- « centriques, parallèles, perpendiculaires, divergentes, acci- « dentelles, extérieures, intérieures, défensives, offensives, « de retraites et de bataille, lorsque les choses, disons-nous, « en sont arrivées à ce point que ce seront les populations « entières qui se heurteront, lorsque vous n'aurez plus à « leur opposer de soldats habitués aux fatigues de la guerre « ou à triompher des dangers qui en sont inséparables ?

La paix, nous dira-t-on, est la condition de notre époque, et nous pouvons nous passer de soldats et d'armées aguerries, parce que la paix doit s'affermir encore avec ce que l'on nomme la civilisation, c'est-à-dire le bien-être matériel. Mais ce bien-être, il faut non-seulement le conserver, mais il faut encore l'étendre à toutes les classes ; ainsi, qu'on ne cherche point à se faire d'illusions, c'est là où se trouvent les prétextes et les causes des guerres de notre époque, et nous devons nous y préparer, à moins que nous ne voulions finir comme les Grecs ou les Carthaginois.

Si nous examinons un autre ouvrage, imprimé en 1789,

ayant pour titre : *de l'importante question de l'utilité des places fortes et des retranchements*, dans lequel on prétend rapporter toutes les objections militaires et politiques qui ont été faites contre leur usage et leur effet, tant dans le système des anciennes guerres que depuis l'invention des armes à feu, nous y trouvons comme première observation :

« Que des généraux dont l'opinion a acquis un grand « poids par l'éclat de leurs victoires, regardent qu'un des « pas les plus dangereux, serait celui de présenter au gou- « vernement, comme utile, le projet de la réforme d'un cer- « tain nombre de nos places de guerre, par le goût imita- « tif qui veut aujourd'hui nous assimiler en tout à des na- « tions qui, par leur position, leur politique, leur puissance, « leur organisation et même leur esprit, diffèrent essentielle- « ment de nous.

« Que le premier pas fait, on verrait bientôt les principes « des antifortifiants pousser leurs prétentions jusqu'au mé- « pris de la force protectrice de nos meilleurs boulevarts, « en établissant sur leurs ruines, des armées nombreuses, « qui en même temps qu'elles énervent les états, nuisent « aux mœurs, à la population, à l'agriculture et à tous les « arts de première nécessité, indépendamment de ce qu'elles « absorbent des sommes immenses.

« Ces armées (ajoute l'auteur) font le désespoir des na- « tions que nous cherchons à copier, tandis qu'elles vou- « draient nous imiter, si elles possédaient comme nous le « moyen d'y suppléer par des tas de pierres éternelles et « disposées avec art. »

Nous pourrions opposer à ces maximes, qui sont aussi celles de Montecuculli, celles du maréchal de Saxe, de Catinat, et même de M. de Vauban ; mais laissons parler l'auteur lorsqu'il veut essayer d'élever un obstacle à de semblables projets « en ne prenant cet obstacle (ajoute-t-il) « ni dans l'esprit de parti, ni dans les préventions aveugles « qui ne connaissent que les extrêmes; mais en s'attachant « aux faits envisagés sur toutes leurs faces.

Avant d'entrer en matière, l'auteur pense qu'il doit observer d'une manière générale — « que ce qui est vrai à « l'égard de la fortification de campagne, l'est aussi pour la « fortification permanente. Que l'objet de la fortification est « constamment le même. Que les avantages et les inconvé- « nients sont communs à toutes les applications dans cha- « cune de leurs règles. Que si une ville forte diffère d'un « camp retranché, ou d'un retranchement quelconque, ce « n'est que par son étendue et sa solidité. »

Cet axiome posé, l'auteur se propose d'indiquer successivement les différentes objections et de répondre par ordre à chacune séparément.

Sa première objection est celle-ci : « *Des militaires ont « avancé que le maître de la campagne est aussi le maître des « places.*

« Cette proposition (dit l'auteur) est vraie lorsqu'elle est « prise à la rigueur, parce qu'elle suppose que la place « assiégée est abandonnée à elle-même sans espoir d'aucun « secours, capable de réparer ses consommations, en sorte « que le terme de la résistance est alors plus ou moins li- « mité. »

« Mais, ajoute-t-il, pour qu'une place assiégée se trouve « dans cette position, il faut le concours d'un grand nom- « bre de circonstances qui ne se rencontrent jamais quand « le général qui tient la campagne peut veiller sur les opéra- « tions offensives de l'ennemi. »

Selon nous, l'auteur eût mieux fait de ne pas poser cette objection, s'il n'avait pas d'autre moyen de la réfuter, et surtout il n'aurait pas dû citer le général d'Harcourt, se jetant dans Cognac en forçant ainsi le grand Condé à en lever le siége, ensuite Fuentès, repoussé par Condé, lorsqu'il assiégeait Rocroi; puis Turenne, vainqueur de Condé dans les lignes environnant Arras, et lui prenant en outre 100 pièces de canon, puisqu'il prouve par chacun de ces faits que ceux qui assiégeaient n'étaient rien moins que les maîtres de la campagne.

La seconde objection que l'auteur établit et qu'il se propose de réfuter est celle-ci :

« *La force des places de guerre se réduit le plus souvent à* « *une résistance de quelques mois; au bout de ce temps elles* « *capitulent, et livrent à l'ennemi, en détail, des troupes qui,* « *rassemblées en plaine, auraient pu le combattre plus avanta-* « *geusement.*

« Mais ce serait donc, ajoute-t-il, aux yeux des détrac- « teurs de la fortification, un bien faible avantage que celui « de posséder la faculté d'arrêter pendant quelques mois « une armée de 50,000 hommes avec un corps de 6,000 « hommes seulement.

D'abord nous répondrons qu'une place qui n'aurait pour sa défense que 6,000 hommes de garnison, ne serait que de 2e ou de 3e classe, et que Cormontaingne et Fourcroy n'élèvent pas leur résistance à plus de 20 jours. Ensuite, pourquoi une armée de 50,000 hommes pour le siége d'une si petite place? En général quand on est le maître de la campagne, les forteresses sont très empressées de faire leur soumission, et les exemples ne nous manqueraient pas, si nous en avions besoin, depuis 1792 jusqu'en 1815.

Nous ne chercherons pas à combattre l'auteur que nous citons, lorsqu'il parle des siéges d'Azoth, de Jérusalem, de Syracuse, d'Egine, de Numance, de Platée, de Lilibée et autres villes non moins célèbres par les défenses glorieuses qu'elles ont faites, parce que, ainsi que nous l'avons déjà dit, il n'y a aucune parité à établir entre ces temps reculés et l'époque actuelle.

Lorsque l'auteur arrive au siècle de Louis XIV, et qu'il cite des villes qui n'ont point été prises, telles que Berg-op-zoom, Lille et autres, nous pourrions lui répondre par ce peu de mots : Vous n'avez donc pas compulsé l'histoire des siéges de toutes les places fortifiées?

Nous croyons devoir encore porter nos investigations sur un autre ouvrage qui a pour titre : *Essai sur la défense des états par les fortifications*, et qui commence ainsi :

« On est amené à se demander jusqu'à quel point les places « fortes servent pour la défense des états, lorsque les évé- « nements tout à la fois grands et imprévus conduisent à « des recherches assidues, lorsque les catastrophes de 1814 « et 1815 sont tellement dans tous les cœurs français, qu'il « n'est aucun militaire, un peu éclairé, qui ne veuille péné- « trer la cause de ces désastres.

« En 1814, les armées étrangères n'ont achevé de passer « le Rhin que le 15 janvier. En 1793, l'ennemi n'osa pas fran- « chir les limites de nos places fortes.

« En 1814 et en 1815, il méprisa cette frontière artificielle « et ne la regarda plus que comme un épouvantail inutile ; « il marcha directement de la circonférence au centre, en « dispersant les bataillons qu'il trouvait sur son passage.

« Pourquoi méprisa-t-il en 1814 ce qu'il avait respecté en « 1793? Les restes non disciplinés des bataillons battus à « Nerwinde, écrasés successivement à Condé et à Famars, « étaient-ils plus redoutables que les vainqueurs de Hanau; « que Napoléon, soutenu des vieux compagnons de ses tra- « vaux et de sa gloire?

« Ou en 1793 (dit l'auteur) on a trop redouté les places « fortes, ou en 1814 on n'a pas su s'en servir ; et à ce sujet « je pense que lorsqu'une question, discutée par des hommes « de mérite, les conduit à des résultats contraires, c'est une « grande probabilité que ni les uns ni les autres n'ont trouvé « sa véritable solution. »

L'auteur nous permettra de lui adresser cette seule objection : c'est qu'en 1793, la France était à son apogée, comme courage, comme patriotisme et comme enthousiasme, tandis qu'en 1815, elle était entièrement épuisée, du moins sous le rapport de l'enthousiasme.

Qu'en 1793 aussi, les armées étant moins nombreuses, elles donnaient par cela seul plus d'importance aux places fortes.

Aussi, dirons-nous encore, et en cela nous ne ferons que nous répéter sous une autre forme : que si le système des armées permanentes et celui des places de guerre ont chacun leur avantage, c'est par la raison que ces avantages leur sont identiques, qu'il est indispensable, non-seulement de les réunir, mais encore de les rendre inséparables. Que prétendre faire dominer *l'un* au détriment de *l'autre*, c'est vouloir les priver tous deux de la force mutuelle qu'ils se prêtent. En d'autres termes, que vouloir pour la France des places fortes *outre mesure*, c'est amoindrir, sans motif, la force des armées permanentes : de même que proposer de supprimer la totalité de ses forteresses, ou de diminuer celles qui seraient jugées indispensables, ce serait vouloir ôter, aux armées actives, un appui qui leur est non-seulement utile, mais même d'une nécessité absolue.

Après avoir soulevé cette immense question, l'auteur croit devoir examiner les rapports que divers systèmes ont cherché à établir entre des places et une armée pour la défense des états, et voici à ce sujet comment il s'exprime :

« Dans un pays dont l'accès pourrait être exactement fermé « par des places fortes, devrait-on se reposer entièrement « sur elles du soin de garantir constamment les provinces « qu'elles couvrent? »

Nous croyons devoir répondre à cette supposition, qu'indépendamment de ce qu'on trouverait difficilement en Europe, et surtout en France, une province où elle fût applicable, les marches de nos armées pendant les guerres de la révolution, soit en Suisse, soit en Italie, ou en Espagne, et notamment celles que fit l'empereur dans les campagnes de 1796 et de 1800, seraient plus que suffisantes pour la résoudre. Nous ne chercherons donc point dans une polémique obstinée, à soutenir la supériorité des places fortes sur celle des armées, ou la supériorité des armées sur celle des places fortes; parce que, selon nous, les unes et les autres sont également nécessaires dans leurs forces relatives, à la défense des états, par la simple raison qu'elles ne cessent jamais de se prêter un mutuel secours. Qu'ainsi, se priver de l'appui des places fortes ou de la force des armées actives, ce serait évidemment vouloir préférer la faiblesse à la force. Mais si cependant nous en étions réduits à être obligés de choisir entre les armées et les places fortes, pour la défense d'une province ou d'un état, nous n'hésiterions pas à dire que nous ne préférerions les armées, par la supériorité des ressources qu'elles présentent, lorsqu'on les compare à celles que peuvent offrir les places de guerre : parce que, dirons-nous, les unes sont actives et indéterminées, tandis que celles des forteresses, n'étant pour ainsi dire que passives, ne peuvent offrir qu'une résistance dont les limites ont pu être mesurées.

Enfin, l'auteur de l'ouvrage que nous examinions, dans un chapitre qu'il nomme *des systèmes*, considère : « qu'un

« principe étant une vérité absolue, c'est en d'autres termes « l'expression d'une condition nécessaire et suffisante pour « parvenir à un certain but, comme le serait, par exemple, « dans une disposition militaire, d'opérer avec la plus grande « masse de ses forces, de manière à obtenir un effort com- « biné sur un point décisif; mais que dans les sciences com- « pliquées d'événements imprévus, les méthodes ne peuvent « pas être certaines et absolues ; que la guerre est particu- « lièrement de ce genre.

Il ajoute : « que si un plan général était possible à créer « d'avance, il serait le fruit du génie ; que le génie, à la « guerre, étant la faculté de juger rapidement les événements « présents, les événements prochains, les rapports qui les « lient, c'est le feu sacré. »

Dans cette nouvelle supposition, nous trouvons encore que l'auteur s'éloigne du but qu'il veut atteindre, parce qu'il ne s'agit point en effet de savoir avant la guerre le parti qu'un général pourrait tirer de son armée après une victoire, ou celui qu'il aurait à prendre s'il avait été battu, puisque les hypothèses à poser sur ces deux seuls faits seraient sans nombre ; mais seulement de se mettre en possession des moyens de vaincre, c'est-à-dire, dans la question que nous examinions, de déterminer les rapports qui doivent exister pour la défense des états, entre les armées et les places fortes; et conséquemment, pour la France, de savoir si dans son système militaire ou de défense, elle doit avoir pour ses forteresses un plus grand nombre de troupes que pour nos armées actives. Nous dirons plus, *c'est de savoir si le chiffre des armées actives, dans des revers, comme ceux de* 1813, 1814 *et* 1815, *doit être pris sur celui des garnisons, lorsque la population ne peut plus y suffire*; *ou si mieux serait de persister à maintenir les mêmes garnisons dans les places existantes, quel que soit l'affaiblissement ou la diminution des armées mobiles, afin de maintenir les places fortes dans un état de supériorité ou de complète défense.*

Sans vouloir reproduire les conséquences des faits dont nous avons été les témoins, nous dirons encore, que dans la persuasion où nous sommes que les armées actives ont une force supérieure à celle des forteresses, nous n'hésiterions pas à leur donner la priorité, c'est-à-dire à ce que leur complet fût entretenu de préférence à celui des places fortes.

Si nous avions besoin de donner plus de force à notre opinion, nous pourrions emprunter de l'auteur que nous citons les exemples dont il s'est servi pour la conclusion de son ouvrage :

1° Le duc de Rohan, dans son *parfait capitaine*, « après « avoir remarqué l'utilité d'un camp retranché pour renfer- « mer les troupes destinées à *brider un état*, ajoute : « qu'é- « tant très certain que, pour conserver son pays contre une « plus grande force que la sienne, on peut le faire en se re- « tranchant fortement, pourvu que l'on ait des vivres ; car « quiconque se met absolument sur la défensive, en se ren- « fermant dans les villes, il faut qu'à la longue il périsse, s'il « ne reçoit de secours étrangers. »

2° Dans son traité de la guerre, le duc de Rohan dit encore : « Une chose également périlleuse, étant d'avoir plus « de forteresses qu'on n'en peut garder, ou de n'en avoir point « du tout, encore aimerais-je mieux *le dernier* que le *pre- « mier*, parce qu'au moins en hasardant une bataille, vous « faites la moitié de la peur à votre ennemi ; mais par l'autre, « il faut périr assurément. Si bien qu'il conclut « qu'il faut « avoir si peu de forteresses qu'elles ne vous empêchent pas « de tenir campagne. »

3° Turenne, consulté par le grand Condé sur la conduite

à tenir dans la guerre de Flandre, lui répondit : « Faire peu « de siéges et donner beaucoup de combats. Quand vous « aurez rendu votre armée supérieure à celle des ennemis, « par le nombre et par la bonté des troupes, ce que vous « avez presque fait à la bataille de Rocroy ; quand vous êtes « bien le maître de la campagne, les villages vous valent « des places. Si le roi d'Espagne avait mis en troupes ce qui « lui en a coûté en hommes et en argent à faire des siéges et « à fortifier des villes, il serait aujourd'hui le plus considé- « rable de tous les rois. Turenne avait pour maxime (dit « Villars) de combattre pour sauver les places les plus im- « portantes ; car si l'on ne combat pas pour les premières, « il faudra, malgré qu'on en ait, combattre pour les se- « condes, ce qui revient toujours à faire dépendre d'une « bataille le salut des états. »

« 4° Tout le monde connaît l'antipathie du roi de Prusse « pour les forteresses (Darçon). »

« 5° Si les places (dit le général Gassendi) ne deviennent « pas imprenables, je donnerai une affligeante raison de s'en « consoler ; quel état, autre que la France, eut un triple « cordon de meilleures places pour garder ses frontières ? « Qu'est-il arrivé en 1792, en 1814 et en 1815 ? L'ennemi a « pénétré par delà le centre de la France, en laissant ses « places en arrière, dont on a pris ensuite quelques-unes à « loisir. Nous avions fait de même plusieurs fois contre des « puissances bien plus éloignées.

« Dans le système des guerres d'aujourd'hui, la guerre « d'irruption, les places sont impuissantes pour arrêter des « torrents d'ennemis ; on peut dire plus, elles sont peut-être « nuisibles. Le peuple qui fait irruption n'a pas besoin de « ces places, tout est en sûreté chez lui ; mais s'il est vaincu, « l'ennemi franchit ses frontières, prend des places de choix,

« met dehors tous les habitants suspects qu'il redoute, et y « laisse en sûreté ses hôpitaux et ses magasins derrière lui. « S'il n'y avait point eu de places, ses magasins, ses hôpi- « taux seraient dispersés dans les villes ouvertes. Les vil- « lages et le peuple, qu'il opprime, dans des soulèvements « partiels, qu'on ne peut ni prévoir, ni toujours comprimer, « il les eût brûlés ou pillés. »

« Il ne faut donc que quelques bonnes places, dit encore « le général Gassendi, pour abriter momentanément les « grands établissements militaires, qu'on ne met bien en « sûreté qu'en les évacuant et les dispersant pour les mieux « cacher; il faudrait que ces établissements ne fussent que « dans les places fortifiées, les plus éloignées des frontières. « Les Autrichiens ne fussent point venus par delà Lyon, si « la manufacture de Saint-Étienne ne les y eût attirés. »

L'auteur croit, en terminant, avoir démontré que tout ce qui a été projeté jusqu'à ce jour est insuffisant; mais il pense aussi que les preuves qu'il a données, fussent-elles fausses, l'opinion des Rohan, des Turenne, des Vauban, des Frédéric, doit être gardée. C'est aussi la nôtre. Cependant, quelque témérité qu'il y ait à émettre un avis tant soit peu différent de celui de ces grands capitaines, nous dirons, parce que telle est notre conviction : que nous pensons qu'ils ont aussi par trop rapetissé l'utilité des forteresses.

Si nous examinons maintenant un mémoire de M. C*** sur la défense de la France par les places fortes, concurremment avec l'action des armées, ayant cette épigraphe : « Aujourd'hui, celui qui démolirait les fortifications des villes, ressemblerait à celui qui aplanirait les montagnes et les défilés pour ouvrir à l'ennemi un accès plus facile dans son pays, nous trouvons, après quelques considérations générales, rappelées par l'auteur, telles que l'indispensable nécessité d'éclairer une nation sur l'importante question de sa défense, et aussi sur la cause des grandes armées, qui se sont établies en France, d'abord comme utilité pour se défendre, et ensuite comme moyens d'attaque, les remarques qu'il fait sur l'établissement du système continental, qui nous fit chercher des ennemis jusqu'aux extrémités du globe; nos revers, et l'empressement de l'Europe à rompre les chaînes que nous lui avions données; la réaction qui s'ensuivit, puis l'obligation de rentrer dans nos anciennes limites, et enfin, l'agrandissement de nos voisins par le partage de nos dépouilles. Mais l'auteur pense désormais qu'on ne se battra plus que pour régler les grands intérêts des nations; que ce n'est plus par des guerres envahissantes en portant les armées jusqu'au centre des empires, mettant les vaincus à la disposition du vainqueur, que l'on obtiendra ces grands résultats. Qu'ainsi, le mode de guerre ayant changé, la nature de l'attaque n'étant plus la même, le système de défense doit aussi subir des modifications qui le mettent en harmonie avec celui de l'attaque. Et à ce sujet, il ajoute : que le système d'attaque, par les grandes armées, ne pouvant se soutenir que par une marche toujours envahissante, le système de défense doit être d'arrêter l'ennemi le plus long-temps possible sur le même point, ce qui doit nécessairement le forcer à une marche plus lente; et qu'alors les places fortes sont le seul moyen de remplir cet objet, conjointement avec les armées mobiles.

Avant de pousser plus loin nos investigations, sur le mémoire que nous examinons, nous croyons d'abord devoir demander à l'auteur quel sera le chiffre des armées mobiles, puis celui des garnisons, c'est-à-dire, les rapports qui devront exister entre elles.

Nous avons toujours pensé que rien n'était plus simple

que d'obtenir des solutions sur des propositions que l'on aurait choisies ; mais qu'il n'en était pas de même pour ce qui concernait les nations, en ce qu'elles avaient des données positives pour constituer leurs forces offensives et défensives, telles que le chiffre de leur population, celui de leurs richesses, leurs ressources, et les accroissements qui devaient en être la conséquence, et préalablement la forme de leur gouvernement et les institutions qui seraient les plus utiles et les plus profitables au plus grand nombre ; et par suite, le système politique qui devrait les protéger.

Ainsi, selon nous, ce serait d'abord dans la question qui nous occupe, le système politique que la France doit choisir, qu'il serait nécessaire d'établir ; ensuite viendrait le *chiffre de ses armées actives, et celui des places fortes avec leurs garnisons*. Et à ce sujet, nous croyons devoir rappeler que lorsque la force des armées actives a diminué, soit parce qu'elles auraient été mal organisées, soit parce qu'elles n'auraient point été instruites, soit enfin par suite de revers, celle des places fortes a également perdu de son importance, d'abord dans les moyens à employer pour les défendre, et ensuite dans ceux qu'il serait nécessaire de réunir pour les protéger. De là, l'obligation, si les choses étaient arrivées au point où nous venons de les indiquer, ou qu'il soit impossible de les changer, ainsi que cela paraît avoir lieu pour les gardes nationales, qui ne sont ni organisées, ni instruites, comme troupes de garnisons, de réduire le nombre des places existantes, ou de diminuer le chiffre minime de nos armées actives, bien qu'il soit plus amoindri qu'il ne le paraît encore, si l'on veut comparer celui d'organisation avec *l'effectif réel* qui en serait la conséquence.

Nous dirons plus ; il faudrait encore, si la guerre avait lieu dans l'état où sont nos armées, nos places fortes et particulièrement les troupes de garnison chargées de les défendre, que le gouvernement fît entrer dans ses moyens de résistance (s'il voulait avoir des réserves pour ses armées), la détermination de faire raser immédiatement les fortifications de toutes les places qu'il ne pourrait pas occuper.

Il ne s'agit donc pas, comme on le voit, d'affirmer que les places fortes pourront remplir telle ou telle obligation, ou qu'elles pourraient retarder la marche de l'ennemi ; il faut que leur résistance ait été calculée sur les moyens de les défendre et plus encore de les protéger.

On pourrait déjà pressentir par la manière dont nous envisageons les rapports qui, selon nous, doivent exister entre les populations, les armées et les garnisons des places fortes, combien nous avons dû être éloignés, après nos désastres de 1813, de 1814 et de 1815, de regretter que nos forteresses ne fussent pas plus considérables, mais surtout combien nous avons dû souffrir, lorsque nous avons vu maintenir les garnisons de celles qui étaient non-seulement en deçà du Rhin, mais encore outre le Rhin.

Si nous rappelons maintenant la comparaison que fait M. C*** entre la marche de nos armées en 1812, dans un pays sans communications et sans vivres, contre un adversaire qui se défendait d'autant mieux qu'il fuyait plus vite, et celle des ennemis que nous eûmes à combattre en 1813, en 1814 et 1815, lorsqu'ils n'avaient qu'à choisir entre vingt grandes routes, toutes praticables, pour la direction qu'ils voulaient donner à leurs armées, et qu'une simple réquisition à frapper pour tous les vivres qui leur étaient nécessaires, nous pensons que l'auteur du mémoire que nous examinons sera d'accord avec nous ; que l'exemple qu'il a choisi n'est pas suffisamment péremptoire, pour prouver que le mode de guerre est entièrement changé, et surtout pour déterminer (lorsqu'il s'agit de la défense de la France), la prééminence des places fortes sur les armées actives.

Ainsi, comme pour nous la question n'a point fait un pas dans cette controverse, nous allons encore, dans le but de l'éclairer, et de nous éclairer nous-mêmes, examiner si d'autres citations auraient plus d'influence sur l'opinion que nous avons émise. Et à cet effet, nous présenterons la manière dont M. C*** pense que l'on doit organiser la défense d'un état, dans le système des grandes armées, dans la persuasion où il est qu'elles ne peuvent se soutenir que par une marche toujours envahissante; ce qui amène les conséquences suivantes :

« 1° Que les places fortes peuvent seulement s'opposer à « la marche d'une armée, lorsqu'une trop grande supériorité « la rendrait envahissante.

« 2° Qu'il n'y a que les grandes places qui puissent remplir « complétement cet objet.

« 3° Que nos frontières militaires n'offrent pas partout « une organisation complète, et laissent plusieurs points « vulnérables dont la défense n'a été assurée que par de petites places.

« 4° Et enfin, qu'il est essentiel de réorganiser de nouveau « notre défense par les places fortes, pour la mettre en « harmonie avec le système de l'attaque par les grandes armées.

« Le raisonnement et l'expérience (continue l'auteur) lui « a ainsi prouvé que les petites places, quel que soit leur « nombre, sur une frontière, ne sont point en général un « obstacle aux grandes armées; qu'elles ne peuvent arrêter « la marche de l'ennemi en le forçant à des siéges longs et « pénibles, seul système défensif à employer contre les

« grandes armées. Mais, que de cette proscription contre les « petites places en général, on ne doit pas conclure contre « l'inutilité absolue des places fortes dans une guerre d'in- « vasion. »

L'auteur pense qu'il va répondre aux antagonistes de cette opinion, en leur rappelant les événements malheureux qui furent la suite de la démolition des forteresses de la Belgique par l'empereur Joseph, également imbu de la fatale opinion de leur inutilité. De plus, ajoute M. C***, n'a-t-on pas vu pendant les guerres de la succession, nos places fortes arrêter pendant plusieurs campagnes un ennemi victorieux ; et une place du dernier rang procurer par sa résistance, à un de nos plus habiles généraux, le temps d'exécuter sa sublime attaque de Denain, et de sauver la France par un succès aussi complet qu'il était nécessaire.

« Dans la guerre de 1793, continue-t-il, n'a-t-on pas « vu notre ligne de places sauver la France d'une invasion « dans le Nord ?

« Enfin, l'auteur pense que si toute notre fontière eût été « organisée de manière à lui constituer partout le même de- « gré de force que celui que tire la frontière de l'extrême « Nord des grandes places qui la couvrent, il est à présu- « mer que l'invasion de 1815 n'eût pas conduit sans coup « férir l'ennemi jusque dans la capitale, après le gain d'une « seule bataille hors de notre territoire.

« Il ne faut pas cependant, dit M. C***, se faire illu- « sion sur les grands avantages des places fortes. Ils sont « sans doute très considérables, mais c'est pour cela qu'ils « doivent être bien compris, afin de ne point leur attribuer « ceux qu'ils n'ont pas.

« Il faut, dit aussi M. C***, bien apprécier le rôle qu'elles « doivent jouer dans la défense. Les places fortes, seules,

« peuvent dans quelques situations particulières retarder « l'ennemi, mais ne l'arrêtent pas. Après une résistance pro- « portionnée à leur force, elles se rendent, et l'ennemi « passe. Mais les armées ne peuvent, non plus, sans l'appui « des places fortes, donner cette garantie à laquelle on doive « attacher toute sécurité. La perte d'une bataille, qui tient « si souvent au hasard, à une terreur panique, à un ordre « mal rendu, à un officier pris ou tué, livre sur une frontière « ouverte tout le pays à l'ennemi.

« Il suit de ces réflexions, et c'est l'auteur qui parle, qu'un « empire ne sera bien défendu que par l'action combinée des « armées et des places fortes, mais que sa principale défense « doit être entièrement dans ses armées, et *les places fortes* « *conséquemment ne faire qu'assurer cette défense et la rendre* « *plus avantageuse.*

« Mais, dit encore M. C***, quelle doit être la nature de « ces places? quelle doit être leur distribution, sur l'étendue « du sol d'un empire? quel rôle doivent-elles jouer dans les « opérations des armées actives? Telles sont les questions « importantes qu'il se propose de traiter. »

D'abord il prévient qu'il a déjà rejeté par le raisonnement et l'expérience les places de médiocre capacité, entassées sur une zône étroite de la frontière, en ce qu'elles demandent beaucoup d'hommes pour leur défense, qu'elles ne se lient en aucune manière aux opérations des armées actives, attendu que leur position n'ayant point été calculée sur les rapports qui devaient s'établir entre elles, elles ne leur sont d'aucun secours, ni comme appui, ni comme base.

Après diverses suppositions de même nature et presque toujours contradictoires, puisque l'auteur, après avoir proscrit les petites places, demande à les conserver comme têtes de pont, destinées à fermer des passages importants dans les montagnes;

Après avoir considéré que la défense de la France devait se faire par les places fortes concurremment avec l'action des armées, et avoir reconnu ensuite que les places fortes n'étaient et ne pouvaient être que leurs auxiliaires;

Après avoir pris l'épigraphe d'Aristote, qui regardait que celui qui démolissait les places fortes, ressemblerait à celui qui ouvrirait à l'ennemi un accès plus facile pour pénétrer dans son pays ;

Après avoir, dirons-nous encore, appelé la stratégie à son aide, comme si la stratégie n'était pas une science *relative* et *mobile* comme les éléments dont elle dispose ou qu'elle doit combattre;

Il nous est impossible de ne pas voir dans les différentes suppositions que nous avons présentées toutes les difficultés que l'auteur a dû éprouver pour les traiter, et surtout pour trouver tous les arguments dont il avait besoin pour arriver à une conclusion qui le satisfît ainsi que ses lecteurs. Heureusement c'est le résultat de toutes les controverses et de tous les systèmes qui n'ont pas voulu commencer par établir des bases incontestables ou au moins vraisemblables.

Nous avons déjà dit qu'une nation avait des données exactes pour constituer son système de défense; pourquoi vouloir s'obstiner à les fuir ou à ne pas les reconnaître? Craindrait-on de mettre au grand jour beaucoup d'erreurs et beaucoup de dépenses inutiles, ou de démontrer que l'autorité et ses conseillers ont pensé que le hasard et non la vérité devait suffire, ou pouvait parer à tous les événements? ou qu'une nation qui ne voyait point assez profondément toutes les fautes que l'on commettait en la gouvernant, les jugerait nécessaires parce qu'on n'y remédierait pas?

« La possibilité de changer à volonté de base et de ligne « d'opération, dit encore l'auteur du mémoire, est un prin- « cipe aussi fécond dans l'attaque qu'il l'est dans la défense. « Il en résulte, que si dans une *ingression* sur le territoire « ennemi, vous pouvez établir plusieurs lignes d'opération, « vous n'êtes plus réduit à une seule attaque de front, ce « qui vous donne la possibilité de le manœuvrer dans tous « les sens, sans avoir à redouter ses mouvements contre « vous.

« Cette observation, continue l'auteur, s'applique avec « désavantage à la France, à cause de sa position géogra- « phique et sa configuration triangulaire qui la présente « à ses ennemis sous deux faces perpendiculaires entre « elles : l'une tournée vers le Nord, l'autre tournée vers « l'Est. »

Cette nouvelle supposition étant relative aux armées ennemies, que nous eûmes à combattre en 1813, en 1814 et en 1815, nous pensons que si malheureusement des circonstances de même nature venaient à se renouveler, il n'y aurait ni grandes places, ni surtout d'armées improvisées, telles que les nôtres le furent à cette époque, qui puissent offrir de résistance, non à cause de notre position géographique, mais tout simplement parce que la France, ni aucune autre puissance de l'Europe, ne peuvent les avoir toutes pour ennemies. Un système de défense n'est donc, à vrai dire, que la conséquence d'un système politique, et un système politique que l'obligation de savoir où sont vos intérêts et vos ennemis. D'où il résulte que si nous prenons pour obligation ou comme nécessité la situation où nous nous sommes placés, c'est-à-dire, celle qui ressort des traités de 1814 et de 1815, ce n'est plus, comme on semble le croire, une nation industrielle que nous aurions à élever, mais un peuple guerrier qui puisse reprendre ses limites et qui n'admît pas que les états de second ordre soient appelés à former une confédération où l'Autriche et la Prusse ont plutôt des directeurs que des envoyés; et ce qui nous paraîtrait plus simple et plus rationnel, ce serait, dirons-nous, un changement complet dans le nœud de nos relations, et conséquemment un autre système militaire à établir.

Ainsi, selon nous, des armées et des places fortes destinées pour la France à constituer un système de défense, ne peuvent s'établir sur des données vraisemblables, que quand elles seront la conséquence d'un système politique, et si nous avions besoin pour le démontrer de faits patents et irrécusables, les événements de 1813, de 1814 et 1815 seraient encore vivants pour le dire, et surtout pour nous servir de direction et d'exemple.

Enfin, M. le lieutenant-général Sainte-Suzanne, dans un projet intitulé : *Des changements à opérer dans le système des places fortes, pour les rendre véritablement utiles à la défense de la France*, commence par s'exprimer ainsi :

« Les derniers événements de la guerre ont démontré « l'insuffisance du système actuel de nos places fortes, pour « la défense de la France.

« Les places fortes qui couvrent les frontières des grands « états de l'Europe ont été considérées pendant long-temps « comme des obstacles presque insurmontables, que l'art « avait opposés aux entreprises de leurs ennemis, ou qui « devaient au moins ralentir leurs progrès, même après les « victoires les plus complètes. Ceux de ces états qui possé- « daient un plus grand nombre de forteresses, paraissaient « les plus à l'abri d'une invasion.

« Il a fallu, continue le général Sainte-Suzanne, des évé-

« nements tels que ceux dont nous avons été témoins depuis « trente ans, sinon pour détruire, au moins pour affaiblir « une telle opinion dans l'esprit d'un grand nombre de mili- « taires.

« L'Allemagne a été envahie en l'an IV. L'Italie fut con- « quise à la même époque.

« En l'an VII, l'armée autrichienne envahit à son tour « l'Italie et s'avança jusque sur le Var, laissant derrière elle « une multitude de places occupées par les troupes françaises, « et dont aucune ne retarda la marche, excepté celle de « Gênes qui était devenue l'asile d'une armée épuisée par « plusieurs défaites.

« En l'an VIII, l'armée française passa les Alpes, pénétra « au sein du Milanais, négligeant les places du Piémont, « qui toutes, ainsi que celles de la Lombardie, furent le fruit « de la victoire de Marengo.

« Dans la même année, l'armée du Rhin passa ce fleuve à « Brisach, Bâle et Constance ; elle s'avança en Souabe et « pénétra jusque dans la Basse-Autriche, laissant sur son « flanc gauche les places de Philisbourg, Ulm, Ingolstadt et « Braunau, lesquelles nous furent cédées à la suite de ses « victoires, et spécialement de celle de Hohenlinden.

« En 1806, le succès de la bataille d'Iéna porta immédia- « tement l'armée française jusque dans la capitale de la « Prusse. Magdebourg ouvrit ses portes à un corps plus fai- « ble que sa garnison ; toutes les places de l'Oder tombèrent « en notre pouvoir avec la même facilité.

« Enfin, la France elle-même a été envahie deux fois, « quoique ses anciennes frontières et celles que ses conquê- « tes lui avaient données, fussent couvertes par une triple « ligne de places fortes, dont aucune ne fut attaquée régu-

« lièrement, et ne ralentit un instant les progrès des armées « envahissantes.

« En 1814, la Capitale était au pouvoir des ennemis, « tandis que 300,000 Français occupaient plus de 80 places « fortes, tant de l'ancienne France que des pays conquis; « aussi l'armée active était-elle bien inférieure à toutes les « garnisons dont elle ne tirait aucun appui, et même elle « manquait de munitions de guerre, dont les places étaient « pourvues en abondance.

« De tels résultats étaient la suite nécessaire du nouveau « système de guerre qui a prévalu dans les derniers temps, « tandis que l'ancien système des places fortes continuait à « être observé.

« En effet, dit M. le lieutenant-général de Sainte-Suzanne, « ce ne sont plus des armées de 30 à 50,000 hommes qui en- « tretiennent long-temps une guerre méthodique, c'est la « population tout entière des plus vastes monarchies qui « entre en campagne; on met sur pied des armées de 300,000 « hommes et plus. Ces immenses rassemblements ne peuvent « subsister long-temps dans le même pays. Leur choc pro- « duit de grandes batailles, qui sont elles-mêmes suivies né- « cessairement d'une invasion.

« L'auteur pense qu'on ne manquera pas de lui objecter « que de pareils armements ne se renouvellent pas, et qu'on « reviendra enfin à des principes de guerre plus modérés et « moins destructifs de l'humanité; mais comme aucune des « grandes puissances de l'Europe, répond-il, ne paraît dis- « posée à réduire son état militaire, et qu'on voit au contraire « maintenir chez elles les institutions qui peuvent donner « à leurs forces les plus prompts et les plus grands dévelop- « pements possibles, c'est dans de telles circonstances « que les places fortes doivent présenter un appui à l'armée

« battue et lui fournir les moyens de réparer ses pertes. Mais « il faut pour cela que le nombre en soit limité, que leur « position soit bien choisie, et qu'elles puissent devenir « alors de grands camps retranchés, contenant des corps « d'armée, lesquels puissent sortir de ces camps, protéger « la marche rétrograde ou en avant de l'armée active, et « faire repentir de son entreprise l'ennemi qui aurait tenté « une invasion.

« Le moment est donc venu, dit encore l'auteur du mé- « moire, de renoncer à un système dont les graves inconvé- « nients ne sont compensés par aucun avantage. Il faut pro- « fiter des leçons de l'expérience et s'assurer des ressources « et des points d'appui, dans le cas où par suite de grands « revers, une armée étrangère aurait pénétré dans l'intérieur « de la France.

« Il faut que dans ce cas un petit nombre de forteresses, « dont l'emplacement aura été bien choisi, permette d'y « laisser des garnisons semblables à des corps d'armée, c'est- « à-dire, composées d'infanterie, de cavalerie et d'artillerie, « dans des proportions convenables, en sorte qu'elles pour- « ront établir une bonne défense en dehors des ouvrages du « corps de la place. M. le lieutenant-général Sainte-Suzanne, « à l'appui de cette opinion, rappelle le système de Bousmard « sur l'attaque des places, qui veut que la défense en soit « faite en avant des ouvrages permanents, et par des ouvra- « ges de campagne, de manière à obtenir des feux de revers « sur la tranchée de l'ennemi, et à l'obliger d'ouvrir sa « première parallèle à 12 ou 1400 toises du corps de la « place.

« Pour obtenir ces résultats, M. le lieutenant-général « Sainte-Suzanne demande : 1° de supprimer un grand nom- « bre de places de 2e et de 3e classe, sur les frontières N-E et

« Sud de la France ; 2° d'y conserver un certain nombre de « grandes places d'armes, qui puissent contenir des garni- « sons de 16 à 20,000 hommes ; 3° de construire sur la Loire « et sur d'autres points de l'intérieur de semblables places « d'armes.

« Les places que l'auteur propose de construire sont dans « l'ordre ci-après ; savoir : frontière du Nord, LILLE, LAON, « MEZIÈRES, et METZ ; frontière du Rhin et des Vosges, « STRASBOURG, LANGRES, et BESANÇON ; frontière des Alpes, « MACON, GRENOBLE et TOULON, gardant comme avant- « postes le fort Barraux et Antibes ; frontière des Pyrénées, « AUCH, ayant en avant et sur ses flancs PERPIGNAN, « BELLEGARDE et BAYONNE. Enfin, en exceptant pour la « frontière maritime occidentale, Rochefort, la Rochelle, « Lorient, Brest, Cherbourg et Calais, deux grandes places « de l'intérieur, ORLÉANS et CLERMONT ; en tout 13 places, « dont 8 de première classe, savoir : LILLE, METZ, LANGRES, « STRASBOURG, BESANÇON, CLERMONT, ORLÉANS et AUCH, « et 5 de 2e classe ; LAON, MEZIÈRES, MACON, GRENOBLE et « TOULON.

« Après diverses considérations générales, l'auteur du « projet regarde le système qu'il indique comme étant tout « à la fois simple et énergique, en ce que chacune des armées « actives doit trouver des points d'appui si elle est forcée de « repasser la frontière.

« En effet, dit M. le lieutenant-général Ste-Suzanne, si « l'armée du Nord est obligée de se retirer entre les places « de Lille et de Mezières, ou entre Mezières et Metz, elle « viendra s'appuyer sur la position retranchée de Laon, « laissant sur ses flancs deux grandes places qui, renfermant « deux corps d'armée de 16 à 20,000 hommes chacun, impo-

« sent à l'ennemi l'obligation de détacher 80,000 hommes au « moins pour en faire l'investissement.

« Si c'est l'armée du midi qui doit exécuter une semblable « manœuvre, elle se retirera, soit entre Besançon et Mâcon, « soit entre Mâcon et Grenoble, soit entre cette dernière « place et Toulon, et elle aura alors pour point d'appui la « place de Clermont qui doit lui fournir toutes les ressources « dont elle aura besoin, tandis que l'ennemi devra se diviser « pour assiéger, investir ou contenir les corps d'armée que « renferment les places qu'il aura laissées derrière lui. Enfin, « celle d'Orléans est destinée à être un grand dépôt d'armes « et de machines de guerre, et à devenir le point d'appui « de trois armées actives. Telles sont, dit le lieutenant-géné- « ral Ste Suzanne, les réflexions qui lui ont été suggérées par « une longue expérience de la guerre. »

Selon nous, les derniers événements que rappelle M. le général Ste Suzanne sont complétement étrangers à notre système de défense en ce qui concerne nos places fortes. Seulement, ils ont démontré que les motifs de la guerre entreprise par la France étaient hostiles à toutes les puissances continentales. Ils ont fait plus; ils ont prouvé que lorsque l'Angleterre était venue se réunir à elles pour nous accabler, nous étions encore condamnés, par les traités de 1814 et de 1815, à rester les ennemis du continent et conséquemment à ne point désarmer, bien que cela fût contraire à nos véritables intérêts. Il ne s'agit donc pas, comme on le voit, de savoir si nous aurons, comme le dit M. le lieutenant-général Ste Suzanne, 13 grandes places d'armes, dont 8 de 1re classe, et 5 de seconde, ou 17, comme le dit M. Maingarnaud; ou 53, comme pense M. C***, savoir : 16 de 1re classe, et 37 de seconde, ou enfin, 360, savoir : 8 de 1re classe, 5 de seconde, 23 de 3me, 156 de 4me et 168 postes militaires, comme cela est en effet; mais de déterminer, ainsi que nous avons déjà eu l'occasion de le rappeler, quelles doivent être nos relations comme puissance continentale du 1er ordre, et ensuite, quel sera notre système général de défense. Mais vouloir, avant ces premières données, indiquer d'une manière positive un système de grandes ou de petites places, en réduire le nombre ou l'élever, ne nous a pas paru la marche que l'on aurait dû suivre pour arriver à une conclusion qui commençât d'abord par satisfaire le lecteur, mais de plus l'opinion compétente; aussi, ne doit-on pas s'étonner si ce projet, ou ceux que nous avons déjà indiqués, n'ont point amené jusqu'ici de détermination.

Loin de nous cependant la pensée de contester la haute réputation militaire dont a joui M. le général Ste Suzanne; mais dans l'intérêt de notre pays, dans celui de son avenir, il nous est impossible de ne pas adresser à l'auteur du projet que nous examinons les mêmes observations que celles que nous avons déjà émises, et même de ne point en ajouter de nouvelles, prises, non-seulement dans les suppositions que nous avons rappelées, mais encore dans celles qui se rapprochent davantage de notre situation politique et du système militaire que nous avons adopté.

D'abord avant de rappeler, comme l'a fait M. le général Ste Suzanne, les divers envahissements qui ont eu lieu successivement, soit par nos armées, soit par les armées étrangères, il nous semble, précisément à cause de sa brillante réputation, qu'il aurait dû commencer par reconnaître quelles étaient les formes et la nature des gouvernements que nous avions eu à combattre, et surtout, dans la situation politique où les circonstances nous avaient placés, quels étaient les besoins des peuples que ces gouvernements dirigeaient? Si cette liberté que nous avions prise pour bannière, et qui n'est en dernière analyse, pour tous les hommes de sens et de haute raison, que l'ordre, le bien-être et le respect des intérêts de tous, séparés ou réunis, nous avions pu la leur donner.

Loin de nous aussi la pensée que la France n'ait point fait en 1792 une guerre juste et nationale. Mais ce que l'histoire dira, ce que nous pouvons déjà reconnaître, c'est que si la France, l'Angleterre et la Russie sont les principaux leviers de l'Europe, aucune de ces puissances ne peut la comprimer séparément; qu'après les intérêts politiques, ou si on le préfère, les formes du gouvernement, viendront toujours les intérêts matériels, et que ceux-là, comme on le sait, ont une voix puissante pour parler et pour agir.

Ainsi, selon nous, la question des places fortes reste toujours la même et doit conséquemment se réduire à l'examen combiné des armées actives avec la force que ces places peuvent y ajouter; mais vouloir préparer la guerre par des suppositions, ou prétendre forcer votre ennemi à vous attaquer par tel point, plutôt que par tel autre, ou l'obliger à faire un siége ou un investissement, quand il sera de son intérêt de détruire vos armées, ce serait vouloir en imposer à la raison et rien de plus.

La France possède 33 millions d'habitants, placés sur un territoire qui fait l'envie de l'Europe. Ses revenus, qui sont aujourd'hui d'un milliard, et qui pourraient être facilement portés à 1200 millions, si on voulait réduire ses dépenses improductives, lui donnent tous les moyens de se créer un système de défense aussi large, aussi étendu qu'elle pourrait le souhaiter; il ne tient donc qu'à elle de s'en mettre en possession; mais encore une fois, qu'on ne prétende pas le chercher hors de notre système politique, c'est-à-dire des intérêts continentaux. Et pour n'ajouter qu'une seule observation à ce que nous venons de dire, qu'on n'ait pas l'arrière pensée d'accroître notre territoire par des moyens déraisonnables, parce que de deux choses l'une : ou notre révolution doit nous concilier tous les peuples, et dans ce cas nous les aurions pour auxiliaires; ou nous devons au contraire les considérer comme nos ennemis, et dans cette hypothèse, qui n'est pas sans vraisemblance, puisqu'elle a commencé en 1792, qu'elle a continué depuis 1807 jusqu'en 1815, et que rien n'indique encore qu'elle soit amortie, la question reste toujours sur des données qu'il est facile d'apprécier, puisqu'il ne s'agit que de savoir (tout se trouvant égal d'ailleurs), si 33 millions d'hommes sont plus forts que 180 millions, ou si la France peut, avec des armées actives et des places fortes, leur opposer *sans alliance* une force suffisante pour garantir son territoire.

SECTION II.

DE LA DÉFENSE DES VILLES CAPITALES.

Avant de terminer cette première partie de la question que nous cherchons à résoudre, il est une considération que nous ne pouvons négliger; c'est celle de savoir si les capitales et les villes qui seraient susceptibles de le devenir immédiatement, doivent être fortifiées, et conséquemment si elles peuvent faire partie d'un système général de défense.

Il est, comme on le sait, très peu de villes qui n'aient été prises par l'ennemi, et s'il en est quelques-unes qui se soient plus ou moins défendues, ou elles n'ont point été sérieusesement attaquées, ou les armées envahissantes n'avaient point un intérêt majeur à s'en emparer, ou enfin des considérations politiques sont venues s'y opposer, ainsi que cela a eu lieu tout récemment (en 1829) pour Constantinople.

Si M. de Vauban, dirons-nous aussi, a comparé les capitales des états à ce qu'est le cœur pour un être vivant, il a choisi, selon nous, une bien triste comparaison, dans la question qui nous occupe; car il les soumet, non-seulement aux différentes éventualités de la guerre, mais encore à la nécessité de *protéger et d'alimenter d'une manière toute particulière* les armées actives; et en cas de revers, il les met dans la nécessité de soutenir un siége pour leur propre défense, et conséquemment dans l'obligation de renoncer à toute espèce de direction dans la conduite générale des affaires, à moins d'avoir une seconde ville qui puisse au besoin les remplacer, ce qui n'éviterait pas les pertes inséparables de la prise d'une place de 1er ordre, telle que serait Paris, comme ville de guerre et comme ville de commerce.

La discussion qui s'est élevée à la chambre des Députés, en 1832, a été selon nous plus politique que militaire. Il s'agissait bien plus de savoir comment on maintiendrait les partis, que des moyens à prendre pour repousser l'ennemi.

On a beaucoup parlé des invasions de 1814 et de 1815, et surtout on a cité Vauban et Napoléon, et puisque nous sommes conduits à examiner la valeur des paroles de ces deux hommes de génie, quelle que soit la distance qui les sépare, pourquoi M. de Vauban n'a-t-il demandé à fortifier Paris que lorsque le territoire de la France était menacé? Et pourquoi l'empereur n'avait-il jamais manifesté cette pensée au milieu de ses immenses succès? Pour nous, la raison en est simple : c'est que l'un et l'autre avaient reconnu que si rien n'affaiblissait plus les armées actives que les forteresses, hors d'une certaine proportion, des villes fortifiées telles que Paris et Lyon, qui n'auraient point de garnison pour les défendre, ne laisseraient pas que d'être un assez grand embarras pour un gouvernement.

Si Saragosse, ville d'environ 50,000 habitants, ayant une garnison de 30,000 hommes, sans être place de guerre, s'est immortalisée par une défense héroïque, et fut pour ainsi dire ensevelie sous ses ruines, il n'en résulte pas que l'on puisse faire de toutes les capitales autant de Saragosses. D'ailleurs, Saragosse elle-même, après avoir soutenu 60 jours de tranchée ouverte, dont 41 jours de bombardement, n'en a pas moins été obligée de se rendre, et son admirable dévouement n'a empêché ni l'invasion ni l'occupation de l'Espagne.

A la même époque, Madrid, capitale peuplée de plus de 200,000 habitants, ayant dans ses murs 60,000 hommes sous les armes, tant citoyens que paysans réfugiés et troupes de ligne, n'a pas tenu 48 heures; cependant, Madrid et Saragosse étaient défendues par des hommes de la même nation.

Ville assiégée, *ville prise*, est un axiome qui jusqu'à ce jour a rarement été démenti. S'il est applicable aux places de guerre, à bien plus forte raison l'est-il aux villes qui ne sont point dans cette catégorie.

Il est facile de concevoir qu'au moment d'une invasion, on élève quelques retranchements, on construise quelques ouvrages de fortification passagère, en avant d'une capitale, dans la pensée de la mettre à l'abri d'un coup de main et de lui donner les moyens de conclure une capitulation honorable, si l'ennemi se présentait en force devant ses murs; mais pour admettre ces précautions, nous ne sommes pas de l'avis de ceux qui pourraient croire ou craindre que Paris, avec 80,000 hommes de garde nationale, ait quelque chose à redouter d'un parti ou même d'un corps isolé; attendu qu'il y a loin de là à un système de défense qui comprendrait la capitale et les principales villes du royaume; et si nous avons indiqué, dans l'état que nous donnerons plus tard, Paris pour 45,000 hommes et Lyon pour 25,000 hommes de garnison, c'est uniquement dans l'intention de prouver l'obligation où l'on est d'avoir une limite pour les villes fortifiées et surtout pour les garnisons qui en sont la conséquence.

Un des principaux obstacles, dirons-nous aussi, à la défense d'une grande ville que l'on voudra transformer en place de guerre avec la volonté que sa défense soit réelle et efficace, sera toujours la difficulté d'assurer la subsistance de ses nombreux habitants, de ceux des villes voisines et de la campagne, des corps de troupes et des débris de l'armée qui viendront encore augmenter sa population, non-seulement d'hommes valides, susceptibles de prendre part à la défense, mais aussi d'un grand nombre de bouches inutiles; car on ne pourrait pas, à moins d'une inhumanité qui n'est plus de notre époque, jeter hors des portes les malades et les blessés qui y abonderaient après un grand désastre, si on n'avait eu ni le temps, ni les moyens de les évacuer sur d'autres points.

M. le maréchal de Saxe, dans ses mémoires, regardait qu'un des plus grands inconvénients des villes fortifiées, étaient les subsistances, parce qu'en supposant que les magasins contiennent des vivres pour trois mois de garnison; dès qu'elles sont investies, il n'y en a plus que pour huit jours, parce qu'on n'a pas compté sur 10, 20 ou 30 mille bouches qu'il faut nourrir, par la raison que la plupart des habitants de la campagne s'y réfugient avec leurs effets, et augmentent le nombre des bourgeois.

Il ajoute, qu'il a entendu dire qu'on mettait à la porte les bourgeois qui n'auraient pas fait leurs provisions, mais il considère que ce serait une désolation pire que celle que peut causer l'ennemi, attendu la quantité d'habitants qui ne vivent qu'au jour la journée. D'ailleurs, l'ennemi leur permettra-t-il de se retirer? s'il les rechasse dans la ville, le gouverneur les laissera-t-il mourir de faim, et pourrait-il s'en justifier.

On a cité l'exemple de Lisbonne, en 1810; mais indépendamment de ce que cette capitale ne fait pas règle, pas plus que Londres, Stockolm et autres, nous croyons que M. le maréchal Masséna, qui s'est laissé arrêter devant Bussaco, pouvait et devait tourner cette position, qu'ainsi Lisbonne n'a été ni attaquée ni défendue.

Mais pour nous, la question étant toujours de savoir quel sera le chiffre des armées actives, des places et des garnisons, le but et le résultat que l'on doit en attendre, la plupart de ces suppositions ne nous ont jamais paru que secondaires. Ce que nous disons pour Paris, nous le dirions également pour Lyon, indépendamment de sa situation géographique et de sa nombreuse population.

« Les partisans des capitales fortifiées ne manqueront pas « de se prévaloir de la prompte reddition de Varsovie, et de « s'en faire un argument en faveur de leur système. Ils « diront sans doute, que si cette ville, au lieu d'être défen- « due par des ouvrages de campagne, l'avait été par des for- « tifications permanentes, elle aurait opposé une plus longue « résistance. » Nul doute que si Varsovie eût été Berg-op-zoom ou Luxembourg, si elle eût été approvisionnée, enfin si elle eût rempli toutes les conditions exigées pour être place de guerre, elle eût pu soutenir un long siége ; mais nous avons déjà montré les difficultés de transformer une capitale en place de guerre, et alors, nous croyons pouvoir nous borner à dire ici, que si Varsovie eût été ce que l'on appelle une place forte, les Russes n'auraient pas eu la peine de la reprendre en septembre 1831, parce qu'ils n'auraient point été obligés de l'évacuer en novembre 1830. Mais selon nous, Varsovie, ancienne capitale d'un grand royaume, n'était et ne devait être qu'un vaste camp retranché, qui, défendu autant qu'il a pu l'être par l'art et par la bravoure de l'armée qui formait sa garnison, n'a pas pu résister plus de 48 heures à des attaques de vive force, bien qu'on ait eu neuf mois pour la fortifier.

Varsovie aurait bien eu encore la triste et inutile ressource des barricades dans les rues, des maisons crénelées, etc.; mais les Russes ne se seraient point engagés dans un combat de rues. Si les barricades ne sont pas des obstacles bien redoutables, une guerre de maisons peut être très-meurtrière pour les assaillants. Si Varsovie ne s'était pas rendue, les Russes l'eussent tout simplement foudroyée par le feu de leur artillerie, jusqu'à ce qu'elle eût envoyé sa soumission; seulement, plus elle eût prolongé sa défense, moins elle aurait eu de droits à la clémence du vainqueur.

« Les barricades, les maisons crénelées, la fusillade par « les fenêtres, les pavés, les tuiles, l'eau bouillante, tout « cela peut réussir quelquefois à une ville qui se révolte « contre son souverain, lorsqu'elle est à peu près sûre que « ce souverain se portera difficilement à des extrémités effi- « caces contre une population dont il sait bien que la très « grande majorité reste inerte, tandis qu'une minorité « turbulente est seule à prendre part au combat (1); mais « l'étranger n'est point arrêté par ces considérations; il ne « voit que des ennemis dans les habitants d'une ville qui lui « oppose de la résistance; mais en même temps qu'il se gar- « dera bien de s'engager dans les obstacles, il empêchera « l'arrivage de toute espèce de subsistances, de manière à « affamer promptement la ville; il fera pleuvoir sur elle une « grêle de bombes, de fusées incendiaires, d'obus et de « boulets, jusqu'à ce qu'on vienne le prier de vouloir bien « en prendre possession, pour mettre fin au désordre, à l'a- « narchie et au pillage.

« On objectera, qu'en fortifiant par un bon système de

(1) Inutilité de la défense des capitales.

« constructions permanentes les abords d'une capitale, indé-
« pendamment des moyens de se défendre, on obtiendra des « diversions puissantes, qui donnant aux armées actives « les moyens de tenir la campagne, leur permettront d'opé- « rer sur les derrières de l'ennemi, et de le forcer ainsi à la « retraite. »

On a cité et on citera encore l'exemple de la campagne de 1814; on a dit et on répétera que si Paris avait pu ou voulu tenir seulement 48 heures de plus, l'empereur aurait eu le temps d'arriver à son secours. Tout cela peut et doit se dire; mais voyons les faits : La plus grande partie de nos armées agissantes était à Fontainebleau, ou marchait pour y arriver. Les corps des maréchaux Marmont et Mortier étaient devant Paris. Ainsi en supposant que nous eussions pu réunir 45,000 hommes, tant baïonnettes que sabres, pouvions-nous et devions-nous livrer une bataille? tel ne fut pas l'avis des maréchaux et des généraux qui furent consultés. La pluralité pensa que la base de nos opérations devait changer; mais la grande réputation du chef de l'état, embrassant d'autres considérations, ne voulut pas que la France, en accroissant ses sacrifices, compromît davantage son avenir.

S'il est commode, dirons-nous, de tirer des conséquences à l'infini d'un fait qui n'a point existé, comment cependant admettre que l'ennemi ait pu se présenter devant Paris sans des forces imposantes et surtout sans avoir battu et affaibli nos armées dans plusieurs combats, ainsi que cela avait eu lieu lors de notre retraite de Russie et dans les tristes campagnes de 1813, 1814 et de 1815. Et pour n'en citer qu'un exemple, après le désastre de Waterloo, qu'est-il arrivé? en quelques jours de marche, l'ennemi s'est présenté devant Paris, et cependant cette capitale était couverte par de bons retranchements (1) armés de 700 bouches à feu; plus de 80,000 hommes de bonnes troupes, dont 25,000 de cavalerie, étaient à portée ou s'y trouvaient réunis. Elle avait dans ses murs au moins 30,000 hommes de garde nationale, 15 à 20,000 fédérés; à quoi tout cela a-t-il servi? à rien. Pourquoi? les historiens de tous les partis nous l'apprennent : c'est que les esprits étaient découragés, les chefs divisés, la confiance des troupes plus que chancelante.

« En 1814 on avait fait en avant de Paris quelques remue-« ments de terre insignifiants, on avait couvert l'entrée des « barrières de tambours en charpente; en 1815, Paris était « entouré de bons retranchements, et bien armés, avec « infiniment plus de moyens de défense, contre des ennemis « moins nombreux; on s'est beaucoup moins défendu en « 1815 qu'en 1814, ou plutôt en 1815 on ne s'est pas défendu. « La faute cependant ne peut en être imputée à personne : « elle était la conséquence de grands revers éprouvés le 18 « juin, et surtout du traité de l'année antérieure. Dans cette « position, il ne faut plus penser à des armées tenant la cam-« pagne, à des changements de bases et de lignes d'opéra-« tions, à des diversions sur les derrières de l'ennemi, « surtout quand le moral d'une armée est affaibli, que « l'ennemi est en force et aux portes de la capitale, puisqu'il « n'y est pas arrivé sans avoir renversé tous les obstacles qui « lui ont été opposés. »

Il ne faut pas non plus compter outre mesure sur une complète coopération de la part des gardes nationales mobiles, à moins de changer les lois actuelles; car ce serait une grande erreur et une grande faute que de se persuader

(1) Montholon, tome 1, p. 286.

que des hommes qui n'ont point été militaires, ou qui se sont mariés ou qui ont fait des entreprises commerciales ou industrielles pourront être appelés pour former les garnisons des places. S'il est dans ces corps, comme nous n'en doutons pas, des hommes dévoués à leur pays, qui ne connaîtront pas de sacrifices quand il faudra défendre leur patrie, combien y en aura-t-il aussi qui en seront empêchés. C'est ce qu'on a vu dans les deux invasions de 1814 et de 1815, et tout récemment encore, lors de l'invasion de la Belgique par les Hollandais (1)

« L'empereur n'eût pas plus sacrifié Paris, en 1815, qu'il « ne l'avait fait en 1814. De retour à Paris, après la bataille « de Waterloo, qui eût osé venir lui parler d'une nouvelle « abdication, s'il fût resté à la tête de ses troupes et s'il eût « voulu se défendre ? D'un mot il eût imposé silence aux « partis, électrisé son armée, la garde nationale et les fédé- « rés; l'ennemi était en présence, en faut-il plus avec des « Français ? »

Plusieurs auteurs, pour prouver qu'il faut fortifier et défendre Paris, ont cité quelques passages des mémoires de Napoléon. En voici un qui a passé sous silence et qu'il convient de placer ici.

L'empereur répondant aux mémoires de M. Fleury de Chaboulon sur 1815, s'exprime ainsi :

« Le mouvement populaire ne fut pas arrêté, il fut régu- « larisé, il fut aussi grand que de 1790 à 1792; mais alors on « eut trois ans pour armer, et ici on n'eut que 40 jours; « alors on ne fut attaqué que par une armée de 80,000

(1) Août 1831.

« hommes, et ici on le fut par 600,000. Si en 1792 on eût été « attaqué par seulement 300,000 hommes, Paris eût été pris, « malgré l'énergie de la nation et les trois ans qu'elle avait « eus pour s'organiser. » (1)

Ne doit-on pas penser que c'est à cette conviction qu'il faut attribuer la répugnance de l'empereur à fortifier Paris en 1814, et à le défendre en 1815, lorsqu'il était fortifié, armé, et en état d'être disputé à un ennemi dont les forces étaient pour le moment très-peu supérieures aux nôtres?

« Qu'on relise les lettres que le prince de Neufchâtel, « major général, écrivait au nom de l'empereur aux géné-« raux gouverneurs des capitales ennemies, et on connaîtra « le fond de la pensée de Napoléon, sur l'inutilité de leur « défense. Dans toutes ces lettres, le major général se récrie « contre la barbarie d'une *résistance insensée.* Qu'on ne dise « pas que l'empereur n'employait ces expressions que pour « intimider les gouverneurs, leurs garnisons et les habitants, « et les amener à une prompte soumission; mais qu'il enten-« dait autrement la question lorsqu'il s'agissait de sa propre « capitale. Nous répondrions que Napoléon a tenu à l'égard « de Paris exactement la même conduite qu'il exigeait de la « part des gouverneurs des capitales ennemies. »

Le passage du Rhin, en 1814, eut lieu tout au commencement de janvier. Les alliés après avoir plusieurs fois menacé Paris, ne sont arrivés devant ses murs qu'à la fin de mars. L'empereur, qui ne pouvait se faire illusion sur les projets des alliés, n'a ordonné dans ces trois mois que des travaux de fortification insignifiants pour la défense de Paris. Il a, dit-on, prétendu avoir regretté que cette ville n'ait pas tenu

(1) Mémoires de Napoléon.—Montholon, t. 2, p. 338.

au moins 48 heures de plus, pour lui donner le temps d'arriver à son secours. Cependant, qu'a-t-il fait en 1815, lorsqu'il était à Paris, lorsque cette capitale se trouvait dans un état de défense respectable et qu'il avait des forces à peu près égales à celles des Anglais et des Prussiens, puisque les Russes, les Autrichiens et les troupes de la confédération germanique venaient à peine de franchir nos frontières et qu'il leur fallait plus de 15 jours pour opérer leur jonction sous Paris avec l'armée anglo-prussienne? Donc Napoléon n'a jamais pensé sérieusement à défendre Paris, c'est-à-dire, à le sacrifier, parce qu'il lui était démontré qu'il l'eût sacrifié en pure perte. Il a préféré abdiquer.

Le génie qui avait tiré la France de l'anarchie, et qui voulait faire de Paris la véritable capitale de l'univers, en un mot quelque chose de colossal, d'inconnu jusqu'à nos jours, et dont les établissements publics eussent répondu à la population (1), ne peut être soupçonné d'avoir jamais eu la pensée ni d'abandonner Paris, ni de l'exposer à toutes les horreurs de la dévastation ; Paris, la métropole des arts, de la science et de la civilisation.

« Au reste, toutes les propositions de fortifier Paris (2) « étant nécessairement faites dans la supposition où cette « ville serait attaquée, nous demanderons aux défenseurs « des capitales fortifiées, si l'ennemi, après avoir battu et « dispersé nos armées, jugeait que l'attaque des fortifications « de Paris exigeât de trop grands sacrifices, s'il se donne- « rait la peine de les attaquer et même de les investir ? et « s'il ne préférerait pas, au lieu d'un blocus qui embrasserait

(1) Mémoires de Napoléon.—Montholon, t. 17, p. 295

(2) Inutilité de la défense des capitales.

« une circonférence de 10 à 12 lieues, avec la chance d'être « vulnérable sur plusieurs points, de prendre tranquillement « position au nord de Paris, avec la masse de ses forces « réunies; de s'y retrancher sur les points qui lui paraîtraient « les plus convenables de manière à être en mesure de pou- « voir repousser vigoureusement les sorties de la garnison, « en même temps qu'il serait à même d'inonder tout le pays « entre la Marne, la Seine et la Loire, afin d'empêcher toute « espèce de denrées de pénétrer dans la capitale, et d'at- « tendre ainsi ce qu'il adviendrait de cet état de choses. Nous « pensons avec l'auteur de l'ouvrage que nous citons, que « s'il durait seulement huit jours, on demanderait à grands « cris une capitulation.

« Ce serait prendre un mauvais parti, a dit l'empereur « dans ses mémoires, que celui de se laisser enfermer dans « un camp retranché, par le risque d'y être forcé, ou au « moins bloqué; ce qui vous réduirait, pour vous procurer du « pain et des fourrages, d'être obligé de vous faire jour l'épée « la main. Il faut au moins 500 voitures par jour, pour nour- « rir une armée de 100,000 hommes; l'armée envahissante, « étant supérieure *d'un tiers*, en infanterie, cavalerie et ar- « tillerie, empêcherait les convois d'arriver, et sans le blo- » quer hermétiquement, comme on bloque les places, elle « rendrait les arrivages si difficiles que la famine serait bien- « tôt dans le camp (1).

On voit que l'empereur ne suppose à l'armée envahissante qu'une supériorité de force d'un tiers pour être en mesure d'affamer l'armée défensive. Or l'armée envahissante était forte de 4 à 500 mille hommes, en 1814; elle devait être

(1) Mémoires de Napoléon.—Montholon, t. 1er, p. 295.

portée au double en 1815. Le quart d'une pareille armée d'invasion sera toujours plus que suffisant pour réduire Paris, tandis que les trois autres quarts paralyseront nos forces dans les autres parties du royaume; et que sera Paris, entouré de fortifications passagères ou permanentes, sinon un vaste camp retranché, renfermant dans son enceinte peut-être 100,000 hommes de troupes, et au moins 8 à 900 mille habitants, en supposant même que la population des campagnes ne vienne pas s'y joindre?

Comme nous croyons par les exemples et par les citations que nous avons rappelés (1) avoir suffisamment démontré qu'il est inutile de fortifier une capitale, ainsi que toute ville ouverte et populeuse, qui n'est point dans la catégorie des places de guerre, nous allons essayer de prouver maintenant qu'il est nuisible et dangereux de les fortifier, non-seulement en cas de guerre étrangère, mais aussi, et surtout, en cas de guerre civile.

Les défenseurs des capitales prétendent qu'elles doivent être fortifiées pour favoriser les opérations des armées qui tiendraient encore la campagne dans le pays envahi. A cela nous répondrons, que si vous avez des armées qui puissent encore tenir la campagne, votre intérêt bien entendu est que vos villes ouvertes et votre capitale ne soient point fortifiées. En effet, si l'ennemi y est entré, vos armées (puisque vous prétendez en avoir encore) peuvent le bloquer ou l'obliger à en sortir; tandis que si ces villes sont fortifiées, si l'ennemi vient à s'en emparer, il y trouve des points d'appui pour ses opérations ultérieures, des abris pour ses ma-

(1) De l'inutilité de la défense des capitales, par un ancien militaire.

gasins et ses hôpitaux (1), et vous ne pourrez le déloger que par un siége que vous ne serez probablement plus en état de faire, et si vous n'avez plus d'armées en campagne, la résistance de quelques villes sera absolument sans objet.

Mais ce n'est pas tout encore ; une des conséquences inévitables de la fortification d'une ville populeuse, et à plus forte raison d'une capitale, est la nécessité d'y construire des forts et une citadelle, qui non-seulement servent à assurer et à prolonger la défense, mais encore qui *commandent la ville elle-même*, afin de pouvoir en disputer la possession à l'ennemi, s'il y était entré, et aussi afin de contenir les habitants, sans quoi la population industrielle et manufacturière, qui abonde dans les grandes cités, forcerait bientôt votre garnison à capituler, même avant le manque absolu de vivres, quelle que soit la ferme volonté que vous auriez de vous défendre.

Quelques auteurs militaires et certains journaux qui veulent que l'on fortifie les villes ouvertes et les capitales, ont assuré, probablement *pour ne pas heurter l'opinion* et *parce qu'ils ne savaient pas que les gouvernements ne trompaient qu'eux-mêmes*, que surtout on ne doit construire ni forts ni citadelles contre la ville. Cependant, il faut bien qu'ils optent : ou ils veulent fortifier une ville pour être maîtres *de diriger et de protéger sa défense*, n'importe comment on l'entende, sans craindre l'influence d'une population qui peut ne pas partager vos sentiments, et alors il vous faut une citadelle et des forts qui commandent la ville ; ou vous ne voulez pas sérieusement vous défendre, si n'en construisant pas, vous vous résignez à soumettre vos résolutions à celles d'une po-

(1) Gassendi. Mémoire pour les officiers d'artillerie.

pulation qui consultera probablement beaucoup plus ses intérêts matériels que ceux de votre gloire, et alors toutes vos fortifications permanentes ou passagères sont inutiles.

Si l'on adoptait l'opinion de Vauban, que Paris doit être fortifié, voici comment il s'exprime, page 26 de son mémoire :

« Et parce qu'une ville de la grandeur de Paris, fortifiée « de cette façon, pourrait devenir formidable même à son « maître, s'il n'y était pourvu, *faire deux citadelles à cinq « bastions chacune*, dans la deuxième enceinte, savoir : « l'une sur le bord de la Seine, au-dessus de la ville, et « l'autre au-dessous dans l'endroit le plus propre; l'une « tenant un bord de la rivière, d'un côté, et l'autre de l'au- « tre, toutes deux très bien revêtues et accompagnées de « tous les dehors convenables, comme aussi de tous les « magasins, arsenaux, souterrains et autres bâtiments né- « cessaires. On pourrait même encore ajouter un réduit ou « deux, dans les endroits de la même enceinte les plus éloi- « gnés des citadelles, s'il en était besoin. Les places bâties à « profit et splendidement, sans rien épargner qui pût faire « tort à leur solidité, par les suites bien garnies de canons, « d'une douzaine ou deux de mortiers chacune et de 14 à 15 « mille bombes, avec toutes les poudres et munitions né- « cessaires, il ne faudrait jamais craindre que Paris se portât « jamais à rien qui pût blesser son devoir. »

On voit aussi dans un ouvrage d'un haut intérêt, intitulé : *Force et faiblesse militaire de la France* « qu'une place qui « n'a pas de citadelle, est comme un bastion qui n'a pas de « retranchement, comme une armée qui n'a pas de réserve : « la défense y est impossible, et un premier échec y termine « tout. »

On a lieu de s'étonner que l'auteur, après avoir aussi

clairement défini la nécessité des citadelles, lorsqu'il vient à traiter de la fortification de Paris, mette en doute, dans une note, page 248, s'il faudra ou non y construire une citadelle, et qu'il ait terminé le chapitre 6 du livre IV, dans lequel il traite spécialement des citadelles, par la conclusion suivante :

« On pensera sans doute aujourd'hui qu'il faut des cita-« delles contre les ennemis du dehors, mais que relative-« ment à l'influence du gouvernement sur la population « d'un grand pays, les citadelles sont plus propres à l'affai-« blir qu'à la fortifier. Henri IV avait répondu : On prétend « que je veux faire des citadelles, c'est une calomnie ; je « n'en veux que dans le cœur de mes sujets. » Mais tout le monde sait quelle est la valeur de ces paroles obligées; aujourd'hui plus que jamais, la politique aurait besoin d'être établie sur des principes plus sérieux, et comme nous l'avons déjà dit, quand les gouvernements se mentent à eux-mêmes, c'est eux qu'ils trompent.

En effet, à quelle fin l'auteur que nous venons de citer, rappellerait-il une assez longue lettre de l'empereur, en date du 28 avril 1813, au sujet d'Erfurt, dans laquelle on voit toute l'importance qu'il attachait aux citadelles, non-seulement comme moyens d'assurer et de prolonger la défense des places, mais aussi pour forcer les gens de bien et les gens neutres à faire leur devoir, tandis qu'il est difficile qu'ils le fassent lorsque le pavillon français ne flotte plus, et qu'on les abandonne.

On ne concevrait pas du reste comment on pourrait construire une citadelle qui eût une action contre les ennemis du dehors, sans en avoir en même temps contre la ville, et à ce sujet, voici comment s'exprime Bousmard.

« L'abus d'avoir fortifié des villes, de *grandes villes très*

« *peuplées surtout*, a enfanté la nécessité des citadelles. Il « a bien fallu dans une place où la garnison pouvait n'être « pas la plus forte, lui ménager un refuge assuré contre la « bourgeoisie, si celle-ci venait à se révolter. Il a bien fallu « montrer à cette dernière un moyen toujours prêt de la « châtier dans une citadelle dont l'artillerie pouvait détruire « ses maisons et dont la communication avec le dehors pou- « vait introduire dans son sein toutes les forces de l'état si « elles étaient nécessaires.

« Quand le souverain habitait la ville, dit encore Bous- « mard, il avait, dans la sûreté de sa personne et de sa fa- « mille contre les révoltes populaires, un motif de plus pour « y avoir une citadelle, et alors il avait soin qu'elle renfer- « mât son palais ou château. Souvent ce château était une imi- « tation de ceux que bâtissaient dans le moyen âge tous « les seigneurs qui jouissaient du droit des armes. Les châ- « teaux forts, bâtis les premiers et à côté desquels se sont « formées des villes, servent aujourd'hui à celles-ci de ci- « tadelles ; et c'est ainsi qu'il se trouve de ces châteaux et « citadelles dans des villes qui ne sont ni fort grandes ni « très peuplées. »

Ces considérations acquièrent une bien autre importance dans les discordes civiles : si une faction, par exemple, qui trouvera toujours plus de partisans dans une ville populeuse et manufacturière que partout ailleurs, vient à lever l'étendart de la révolte, si cette ville est fortifiée, et surtout si elle l'est contre l'ennemi, sans citadelle qui la commande ; si enfin sa garnison est désarmée ou chassée par la population révoltée, quel parti prendrez-vous ? Il ne suffira pas de faire marcher à la légère quelques régiments pour rétablir l'ordre, il faudra une armée avec un équipage de siége. Les provinces voisines pourront prendre fait et cause pour la ville révoltée ; elles auront tout le temps de se mettre en mesure si elles veulent soutenir la rébellion, pendant que vous organiserez vos moyens de défense (1).

« Qu'on se reporte à ce qui s'est passé à Lyon, en décem-« bre 1831, et qu'on se rappelle le siége mémorable que cette « ville, n'ayant que quelques fortifications élevées à la hâte, « a soutenu en 1793, contre les armées de la convention. « On ne pourra pas toujours espérer rentrer dans Lyon « comme en 1831, et alors il est impossible de prévoir les « conséquences d'une résistance un peu prolongée ; que « serait-ce, si les troupes ou seulement une partie de la « garnison se réunissaient aux habitants ?

« Ainsi, fortifier les villes qui ne sont point des places de « guerre, et qui, vu leur nombreuse population et leur « étendue, ne sont pas susceptibles de le devenir, c'est, « comme on le voit, se préparer des embarras inextricables, « pour le très mince avantage d'en disputer quelques heures « de plus la possession à un ennemi qui finira toujours par « s'en emparer, et qui y trouvera l'armement et tous les « approvisionnements qui y auront été réunis. »

Les fortifications permanentes, dirons-nous aussi, ne valent pas mieux que les fortifications passagères, quand on ne peut les défendre, et si l'exemple de Paris, en 1814 et en 1815, et de Varsovie en 1831, ne prouve pas que les fortifications faites à la hâte ne valent rien, puisque l'héroïque défense de Saragosse prouve le contraire, nous croyons, par tout ce qui précède, que nous sommes autorisés à répéter :

« 1° Qu'il est inutile de fortifier une capitale ou toute autre « ville ouverte et populeuse, pour leur faire obtenir une

(1) De l'inutilité de la défense des capitales.

« capitulation que leurs barrières fermées, et l'envoi d'un « parlementaire, suffisent toujours pour leur assurer, puis- « que l'intérêt de l'ennemi est d'accord avec celui de ces « villes elles-mêmes, pour leur faire obtenir une capitula- « tion.

« 2° Que si on ne veut réellement que mettre une capitale « ou une grande ville à l'abri d'un coup de main, et non « les exposer aux longueurs et aux horreurs d'un siége, « des fortifications du moment, qui coûtent peu et qu'on a « toujours le temps de construire lorsqu'une invasion est « imminente, sont plus que suffisantes pour les garantir « d'une attaque trop brusque; nous avons déjà dit que la « ville de Paris n'avait rien à craindre d'un parti, ni d'un « corps détaché.

« 3° Qu'une capitale ou une ville populeuse, qu'on aurait « entourée de fortifications, soit passagères, soit perma- « nentes, n'opposerait qu'une résistance inutile, parce « qu'elle ne serait jamais qu'un vaste camp retranché, s'ex- « posant à être brûlée ou affamée, et peut-être à l'un et à « l'autre.

« 4° Que si l'on veut construire des fortifications perma- « nentes autour d'une capitale, ou ville du premier ordre « qui n'est point place de guerre, la conséquence néces- « saire et indispensable est aussi d'y construire une cita- « delle et des forts en nombre suffisant pour commander la « ville, contenir les habitants, les forcer à la résistance s'ils « s'y refusaient et voulaient ouvrir leurs portes, enfin pour « disputer la possession de la ville à un ennemi quelconque, « ou la lui rendre plus précaire s'il était parvenu à s'y intro- « duire et à s'en emparer; car il est impossible d'admettre « qu'on ne doit fortifier les capitales que tout juste ce qu'il « faut pour les compromettre inutilement vis-à-vis de l'en-

« nemi, ou pour qu'elles puissent se révolter avec plus de « chances de succès contre leur gouvernement ; mais qu'on « doit bien se garder de réserver à celui-ci le moyen le plus « efficace, soit pour les maintenir et les faire rentrer dans « l'obéissance, soit pour résister à l'ennemi.

« 5° Qu'il est nuisible et dangereux de fortifier des villes « qui ne sont point des places de guerre, parce qu'en cas de « guerre étrangère, si l'ennemi s'en empare, il y trouve « l'armement et les approvisionnements qu'on y a réunis ; « des points d'appui pour ses opérations ; des abris pour ses « magasins et ses hôpitaux. Que si on admet que les armées « tiennent encore la campagne, leurs manœuvres peuvent « facilement forcer l'ennemi à évacuer une ville populeuse « qui n'est point fortifiée, et où il ne pourrait se maintenir « sans se compromettre ; et si on n'a plus d'armées tenant la « campagne, toute résistance étant devenue inutile, il l'est « également d'avoir fortifié des villes pour les faire brûler. »

« Enfin, quant aux capitales, dit un auteur (1) dont per- « sonne ne contestera l'autorité en pareille matière, « la « mollesse et la corruption de leurs nombreux habitants, « incapables de supporter les privations qu'entraîne la « guerre, mettent ordinairement un obstacle invincible à « leur défense. *Il faut se borner à défendre les approches « d'une capitale par des corps d'armée soutenus par des for- « tifications* passagères, et établir, non loin d'elle, une grande « place centrale, qui soit un arsenal général d'armes et d'ar- « tillerie et le dernier dépôt de la fortune publique. « C'est « ainsi, dit M. le général Rogniat, qu'il voudrait voir en

(1) M. le lieutenant-général Rogniat (Considérations sur l'art de la guerre).

« France une grande place de dépôt central sur la Loire, au « lieu de cette foule de petites forteresses frontières, si insi- « gnifiantes pour réparer de grands désastres. »

« M. le maréchal de Saxe est encore plus positif : il dit « dans ses mémoires, au chapitre des retranchements et des « lignes, qu'il n'est ni pour l'un ni pour l'autre de ces ouvra- « ges ; qu'il n'a presque jamais ouï dire qu'il y ait eu des lignes « et des retranchements attaqués qui n'aient pas été forcés.

« Si l'on est inférieur en nombre, dit aussi M. le maré- « chal de Saxe, l'on ne tiendra pas derrière des retranche- « ments où l'ennemi porte toutes ses forces en deux ou trois « endroits. Si l'on est égal, l'on n'y tiendra pas non plus ; « si l'on est supérieur, on n'en a pas besoin ; alors pourquoi « se donner la peine d'en faire ? »

Comme nous pensons qu'il y a excès dans les paroles que nous venons de rappeler, nous croirions nous associer davantage à la pensée de M. le maréchal de Saxe, en disant : que s'il ne peut y avoir de comparaison entre la force des armées actives et celle qui pourrait résulter des fortifications, les fortifications et les armées réunies composent à leur tour une force supérieure à celle d'une armée proprement dite, et dont les proportions seraient égales à celle d'une autre armée, qui aurait de plus qu'elle une place dont elle pût disposer ; mais toujours serait-il que la question que nous examinons demeurerait encore sans solution, c'est-à-dire que la proportion qu'il est indispensable d'établir entre les troupes destinées aux armées actives et celles qui doivent être employées pour la garnison des places, resterait encore à déterminer.

CONCLUSION.

Après ces divers examens et les opinions contradictoires que nous avons jugé nécessaire de rappeler, si nous nous reportons aux considérations générales qui dominent toute la question, c'est-à-dire à celles qui consistent à savoir l'influence que les places fortes exercent sur le système général de notre défense, en mettant momentanément à part la force qu'elles ajoutent aux armées actives, considérations que nous avons déjà énoncées, nous dirons d'abord, pour ce qui concerne l'organisation et l'effectif des troupes régimentaires, que si 480,000 hommes sont destinés, savoir : 420,000 hommes pour les armées actives, y compris leurs réserves, et 60,000 hommes pour celles de l'intérieur et des corps subsidiaires, il est impossible d'admettre que ces 480,000 hommes puissent fournir les troupes nécessaires à la défense des places, qui, comme on l'a vu, s'élèvent à 486,750 hommes, à moins que ce ne soit pour un cas exceptionnel, dans lequel il ne s'agirait que d'une campagne rapide, ou d'une guerre offensive de peu d'importance. Cependant une opinion qui s'est généralement accréditée, et qu'il importe de détruire, quelque soit son peu de valeur. c'est que la France ne pouvant être attaquée sur tous les points à la fois, elle n'aura jamais besoin d'employer la totalité des troupes destinées à la défense de ses places A cela nous répondrons, que si elle n'est point attaquée à la fois sur toutes les parties de son territoire, elle n'aura point à les employer; mais qu'un systme de défense ne s'est jamais établi sur de semblables suppositions; qu'un état qui veut pourvoir à sa sûreté ne peut le faire avec de semblables calculs, attendu qu'il ne pourrait se persuader ni persuader à personne, surtout à ses ennemis, qu'il est défendu avec de semblables éventualités, surtout après les événements de 1814.

En ce qui est relatif à l'organisation des gardes nationales, et à leur instruction, nous dirons qu'il est également impossible de concevoir que, lorsque des soldats, *gardes nationaux ou autres*, sont destinés à occuper le poste le plus périlleux qui puisse être donné à des corps de troupes, ces corps pourraient être impunément privés de l'organisation et de l'instruction qui leur seront nécessaires pour les mettre à même de remplir le service qui leur sera confié, ou le poste qu'ils auront à défendre. Ainsi, pour nous, c'est là et nulle part ailleurs, que réside la véritable cause de nos désastres de 1814 et de 1815, et non pas, comme les uns le disent ou comme d'autres l'affirment, dans une plus ou moins grande quantité de places que l'on pouvait toujours abandonner et faire raser toutes les fois que la chose eût été jugée indispensable; mais tout simplement, comme on doit le sentir, parce qu'il n'était plus possible, ni de les protéger, ni de les défendre, lorsque la France se trouvait dans l'impuissance de pouvoir fournir, nous ne dirons pas des hommes, mais des soldats, d'abord pour le complément de ses armées actives, et, en outre, pour les garnisons de toutes ses places. Ce serait donc une bien grande et bien dangereuse illusion, que celle qui nous porterait à croire qu'il en serait autrement si les mêmes circonstances se représentaient, avec les principes ou plutôt les errements qui servent encore de base à notre constitution et à nos réglements militaires; aussi sommes-nous conduits à dire que si l'on ne peut organiser et instruire les 486,750 hommes qui nous sont nécessaires pour la défense de nos places, il est complétement inutile d'en avoir un aussi grand nombre, et qu'alors, on doit les réduire, sinon à celles qui nous seraient nécessaires, comme base d'opérations, pour des guerres offensives, au moins au nombre que l'on pourrait protéger et défendre sans affaiblir les armées actives.

En ce qui concerne la loi de recrutement, ou cette loi est incomplète pour le nombre de troupes nécessaires à nos armées mobiles, en y comprenant celle de l'intérieur et des places fortes; ou elle a manqué de prévoyance, en ne spécifiant pas qu'il serait fait un classement particulier dans celle du 22 mars 1831, relative à l'organisation des gardes nationales pour les troupes qui seraient destinées à la défense des places fortes. Car il ne suffit pas de dire, en termes généraux, ainsi que cela est indiqué dans l'article premier, que la garde nationale secondera l'armée de ligne dans la défense des frontières et des côtes, de manière à assurer l'indépendance de la France et l'intégrité de son territoire; mais il faut encore lui en fournir les moyens, mais des moyens tout entiers.

Si nous examinions maintenant l'influence que nos places fortes exercent sur notre agriculture, notre industrie et notre commerce, et par la suite, sur la diminution de nos richesses et de notre bien-être, et conséquemment sur l'ensemble de notre crédit, il nous suffirait de rapprocher le chiffre de nos armées actives, en y comprenant celle de l'intérieur qui s'élève à. 480,000 h.

Celui des troupes de garnisons qui est de. . . 486,750

Et enfin celui de notre marine, que nous ne pouvons pas évaluer au-dessous de. 60,000

pour établir le retranchement qui doit être fait sur le travail productif, par suite de la privation d'un aussi grand nombre de bras.

Si nous recherchons ensuite l'influence que les places

fortes exercent encore sur notre politique continentale, et nos rapports extérieurs, et conséquemment sur l'étendue de nos frontières et notre rang comme puissance de premier ordre, lorsque, disons-nous, ces places exigent 486,750 hommes pour leur défense, indépendamment de 540,000 hommes qui nous sont indispensables pour notre marine et nos armées de terre; il est impossible, disons-nous encore, que les différentes puissances de l'Europe, que nous avons coalisées et réunies, ne soient point continuellement en armes, lorsqu'elles voient auprès d'elles une nation de 33 millions d'habitants consacrer un million d'hommes pour sa défense, par l'obligation de faire constamment ce raisonnement : ou la France est armée pour l'extension de son territoire, et conséquemment pour de nouvelles guerres d'invasion; ou son alliance avec l'Angleterre exige qu'elle fasse par ses armées, contre le continent, ce que son alliée fait par ses flottes; mais pour nous, avec des résultats bien différents, puisqu'en même temps qu'ils sont dangereux et onéreux pour la France, ils laissent l'Angleterre, comme on le voit, en possession de la suprématie des mers et du commerce. Ainsi, dans l'une comme dans l'autre de ces deux hypothèses, n'est-il pas évident que les puissances continentales ne peuvent ni ne doivent désarmer? et alors, nous demanderons aux hommes politiques si un tel système est soutenable pour la tranquillité et l'avenir de la France.

Si nous considérons encore l'influence que les places fortes exercent sur l'action de notre gouvernement, nous n'aurions qu'à rappeler, d'abord, pour l'intérieur, les infractions légales, les concessions que le pouvoir exécutif est obligé de faire, et par suite, la résistance qu'il oppose aux libertés de notre pays, de même que les abus administratifs qu'il est forcé de tolérer; et pour l'extérieur, les engagements qu'il a pris et qu'il n'a pu tenir, ainsi que les traités qu'il a signés, en s'abstenant de concourir à leur exécution. Ces dernières lignes exigeraient peut-être plus de développements; mais pour les hommes habitués aux affaires, nous croyons qu'elles sont plus que suffisantes.

Ainsi, en résumé, si le système politique d'un état, c'est-à-dire la direction que doit suivre son gouvernement, dans ses rapports avec l'intérieur, et dans ses relations avec l'extérieur, doit déterminer la constitution et l'organisation de sa puissance militaire, de même que la lettre et l'esprit des réglements qui seront nécessaires à leur exécution :

Si pour la France, cette puissance militaire, à part l'ensemble de la garde nationale, doit se composer aujourd'hui d'un million vingt-six mille sept cent cinquante hommes, dont 486,750 pour ses places fortes, et 540,000, pour ses armées de terre et sa marine :

Si M. de Vauban écrivait en avril 1687, ainsi que nous l'avons déjà rapporté : « Qu'il existait trop de places fortes « en France, *inconvénient dont on ne s'apercevrait point,* « *tant qu'on sera autant en état d'attaquer que de se défendre;* « mais que s'il arrivait une guerre grave, il serait fort à « craindre qu'il n'apparût à la première campagne : »

Par ce peu de mots, M. de Vauban n'indique-t-il pas plus positivement que nous ne pourrions l'exprimer, mais tel qu'un homme de génie a dû le faire, non-seulement la limite de nos places fortes, mais encore tous les embarras qu'elles pourraient nous causer, ainsi que la principale cause de nos désastres, en 1814 et en 1815 :

S'il est incontestable, dirons-nous aussi, pour tous les militaires, comme pour les hommes de réflexion, que les places fortes perdent de leur importance à mesure que la force des armées mobiles diminue :

S'il est encore matériellement vrai que le chiffre de nos armées actives et celui de nos troupes destinées à la défense de nos places, n'existe pour ainsi dire que nominalement, la question que nous traitons se réduit donc à savoir : si la France doit conserver un aussi grand nombre de places, quand nous venons de démontrer qu'elle ne peut les défendre qu'avec les troupes déjà affectées à ses armées mobiles, à moins qu'elle n'en élève le chiffre, et si nous supposions pour un instant qu'elle le portât à 740,000 hommes, dont 540,000 pour sa marine et ses armées mobiles, elle n'affecterait encore, comme on le voit, que 200,000 hommes pour ses places fortes; mais ce qui aurait au moins l'avantage d'en réduire le nombre et de faire disparaître celles de 3e et 4e classe, si généralement condamnées, sans compromettre, selon nous, ni notre système de défense, ni la force de nos armées mobiles.

Et enfin, si la France croit devoir et veut conserver 1,026,750 hommes pour ses armées de terre, sa marine et ses places fortes, il faut qu'elle sache qu'elle doit désigner sur sa garde nationale 486,750 hommes, avec l'obligation de les organiser et de les instruire, obligation que nous rangeons encore à la tête de celles de première nécessité. Mais, comme on a pu le remarquer, cette pensée n'est pas la nôtre : parce que nous croyons que les intérêts de la France sont inséparables de ceux du continent, et qu'en devenant plus forte dans cette nouvelle direction, sans sortir des limites que nous avons posées, et que nous aurions plutôt exagérées, elle y acquerra des moyens de richesses et de tranquillité qui, en dernière analyse, sont, comme il est devenu proverbial de l'exprimer, la sécurité des peuples, ainsi que celle des gouvernements.

www.ingramcontent.com/pod-product-compliance
Lightning Source LLC
LaVergne TN
LVHW020037170826
845678LV00001B/304

* 9 7 8 2 3 2 9 6 9 6 7 1 3 *